# 家長必備！一眼讀懂毛孩的
# 狗狗行為說明書

影山直美——繪
今泉忠明——監修
黃美玉——譯

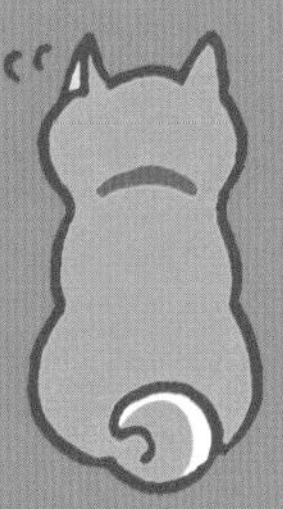

マンガでわかる
犬のきもち

# 關於本書

本書將透過三個愛狗家庭與狗狗的生活，
來對狗狗心理進行科學的剖析。

## 佐佐木一家

**真知子**

愛狗的家庭主婦。
是虎太郎的好媽咪，
也是最懂牠的人。

**虎太郎**

公柴犬。
個性天真
單純不怕生，
但也有固執的一面。

**和雄**

上班族一個。
在海邊和小狗
一起玩耍
是他從小到大的
夢想。

# 山城一家

## 阿董

修司的太太。
是總是笑臉迎人
的老奶奶。
總是溫柔守護著
修司跟摩可。

## 摩可

母玩具貴賓犬。
很受附近公犬歡迎。
可愛又聰明，
才貌雙全。

## 修司

性格有些頑固
的老古板，
第一次養狗
就對摩可的魅力
深深著迷。

# 小林一家

## 里昂

公拉布拉多犬。
聰明又穩重的
和平主義者。
把裕斗當弟弟看待。

## 幸夫

小林一家的爸爸。
名符其實的「心寬體胖」。
喜愛小狗跟戶外運動。

**由佳**

讀高中的女兒。
雖然有點青春期
的那種冷淡態度，
但真心喜愛里昂。

**裕斗**

讀小學的兒子。
跟里昂一起長大，
彼此情同手足。

**華子**

小林一家的媽媽。
熱愛烹飪。
第一次養狗，
常被里昂折騰得團團轉。

# 目錄

## PART 1 狗狗的神祕行為

## PART 2
# 狗狗的呆萌行為



## PART 3
# 狗狗厲害，但狗狗不說

## PART 4 讓主人頭痛的問題行為



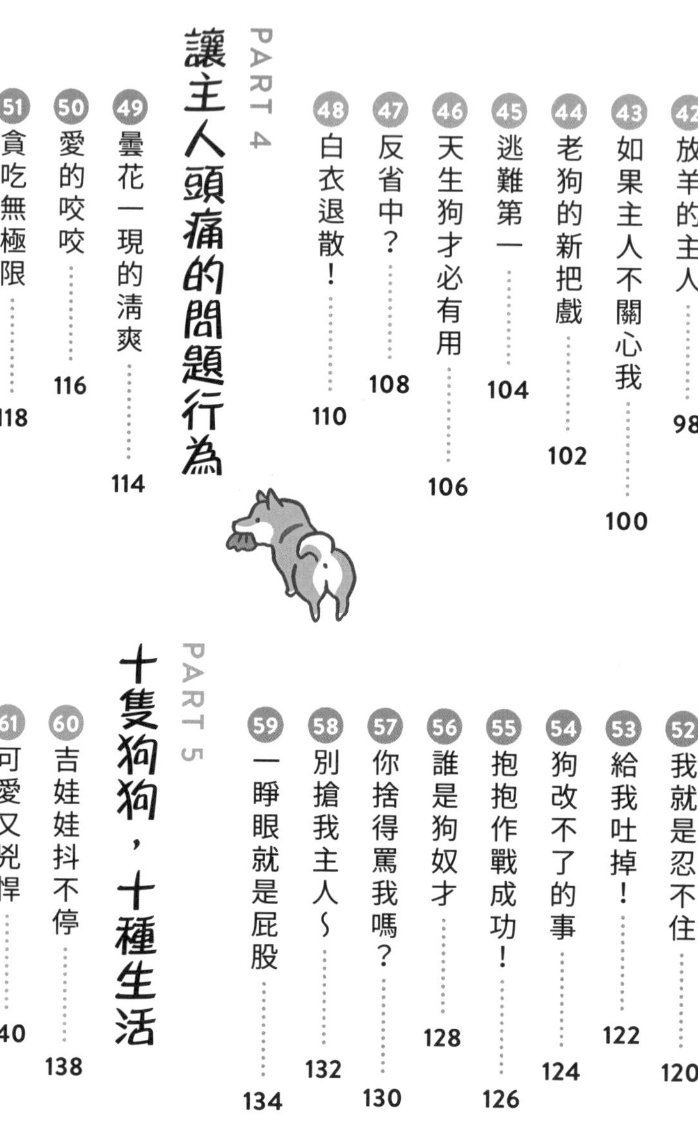



## PART 5 十隻狗狗，十種生活

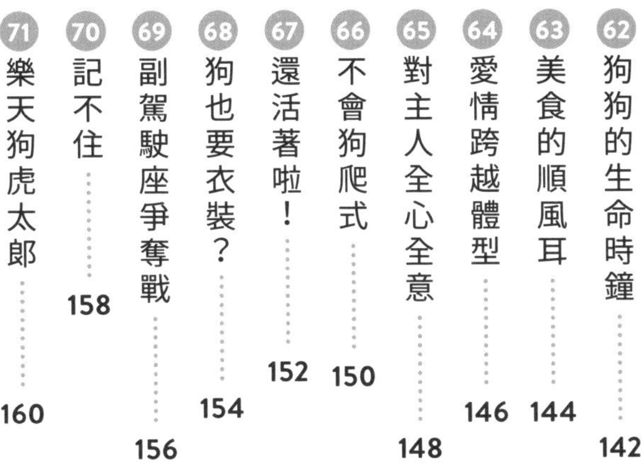



## PART 6 人狗相通的共情行為

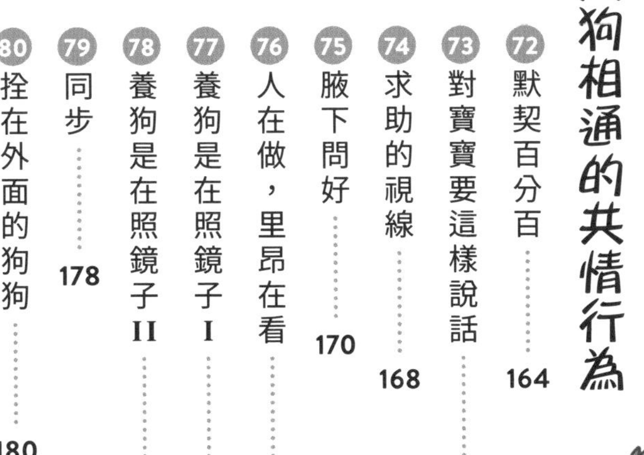

看專欄認識狗狗的身體

PART 1

# 狗狗的神秘行爲

## 01 抬腿小便之謎

公犬會抬起一條腿小便，母犬卻很少有這種行爲。這是因爲公犬有較強烈的地盤意識，而**從較高處向下撒尿的行爲，能讓牠們更有效地劃定領地範圍，向外主張「這是大爺我的地盤！」**。除此之外，也有種說法認爲，因爲公犬的生殖器筆直朝前，直接排尿就會尿到自己身上，而抬腿小便可以避免不衛生。

有時候，我們也會在路上看到有些狗狗爲了把尿撒得更高，而直接倒立著小便。更令人吃驚的是，**甚至有狗狗會前腳倒立著邊走邊四處撒尿**。如果只是抬起單腳撒尿，姿勢會使身體稍微側轉，讓尿液不至於灑到自己身上；但如果是倒立小便，尿液卻很容易把濺到身上，實在不算是衛生。這樣的做法，或許是公犬想要強烈表達這種心情吧：「就算會弄髒自己，也要對外宣示主權！」

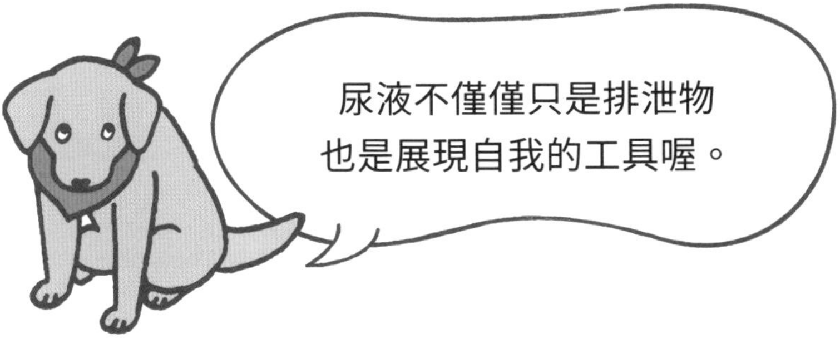

尿液不僅僅只是排泄物
也是展現自我的工具喔。

# 02 屁屁才是重要部位！

我們可以從警犬的厲害表現，看出狗狗的嗅覺非常靈敏。狗狗的嗅覺比人類敏銳超過一百萬倍，甚至還能透過氣味來區分人類的雙胞胎。也因此，**狗狗都是透過「氣味」這個主要訊息來源去認識、分辨其他狗**。

狗狗氣味最強烈的部位，就是臉部與臀部，尤其肛門附近更是有著各自獨有的氣味。讓其他狗狗嗅聞自己的屁股，等於是在向對方介紹「我就是這樣的狗狗喔」。

會互聞屁股氣味的狗狗，代表彼此的關係較爲融洽。不過，**會朝對方屁股聞個不停的狗狗，代表個性較爲強勢**。弱勢的狗狗則是會擺出「您請隨意」的姿態，以對方容易嗅聞的姿勢靜立原地——這便是所謂的服從姿態。其實，狗狗和關係親密的同伴之間，也有地位高低之分。如果不想跟對方吵架卻也不想服從，狗狗會側身面向對方，伏下身體遮住自己的肛門，做出一些讓對方聞不到的小小抵抗。

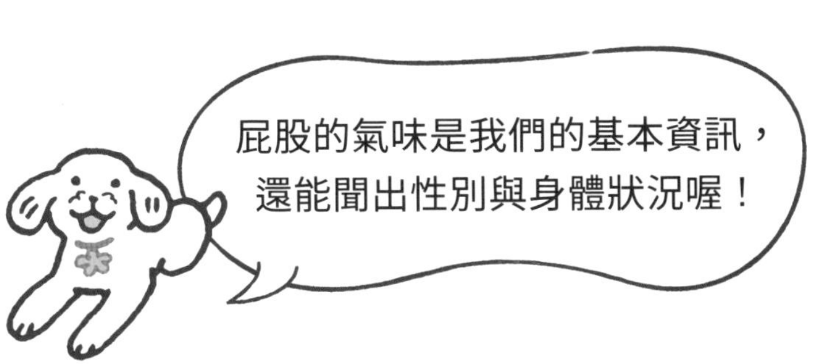

## 03 清理痕跡？

貓咪上完廁所會用前腳撥動砂土，藉此掩埋排泄物。這是因爲貓咪會偷偷地對闖入自家地盤的獵物進行狩獵，所以才需要把自身氣味隱匿起來。狗狗上完廁所之後也會抓刨地面，我們很容易誤以爲是出於相同原因，但其實卻完全相反。**狗狗之所以在上完廁所抓刨地面，是爲了將肉墊上的分泌物磨到地面上**。簡單來說，這是一種爲了宣告自身存在感的標記行爲，而且留在地面的抓刨痕跡也有視覺上的宣示作用。狗狗的天性是成群結隊追捕獵物，並不需要隱匿自身的存在感，更不需要掩蓋自己的排泄物。

最好的證明就是，**這種舉動常見於狗群中位居高位的公犬**。地位最高的公犬會四處撒尿標記領地，甚至當已經無尿可撒時，還會做出「假裝撒尿」的舉動。母犬與已結紮的公犬則很少這樣做。

上完大小便的氣味，
還得再加上肉墊的氣味！

# 04 不是只想握手

幼犬生來就有個習性，**牠們會在想喝奶或討要食物的時候，舉起一隻前腳觸碰母犬來引起母犬的關注**。這種行爲會進一步發展，只需稍微舉起前腳就能表達「請求」或「撒嬌」的訴求，這種行爲不僅可以討要食物，也是一種邀玩信號，甚至是向對方透露「自己就像是一隻幼犬一樣，沒有任何敵意」的訊息。

**這個在日本被稱爲「Puppy Lift」的行爲舉止，我們也時常會在那些成年卻依然孩子氣的寵物狗身上看到**。當狗狗想要主人把正在吃的食物分給自己、想找人一起玩，或想要有人關心自己的話，也會用前腳輕輕拍幾下，或搭到人身上。狗狗有時候特別執著，會一直拍到主人對自己的要求有反應。

順帶一提，據說正是因爲狗狗原本就有這個習性，所以才能很快學會「握手」。

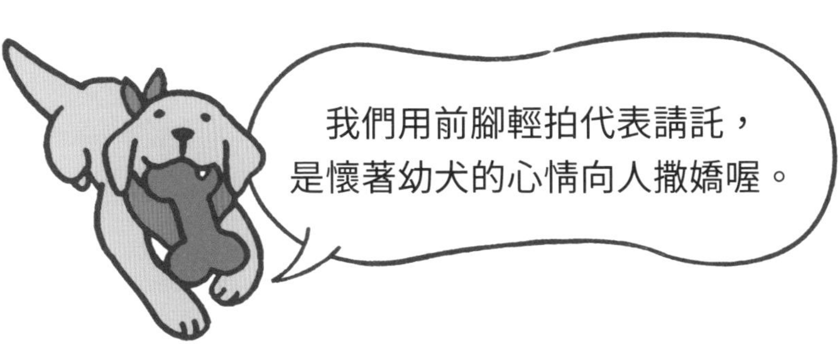

## 05 發現寶物

阿董，妳有看到我的眼鏡嗎？
沒看到耶～
那你有看到我的那個針織小包包嗎？
找到了!!
哎呀——居然在這種地方。
應該是摩可做的好事吧！
你看！
是我找好久的襪子耶！

狗狗天生就有掩埋殘餘食物的習性。**在地面挖洞將食物埋起來，可以減緩食物腐壞，也能防止食物被其他動物搶走**。寵物犬也保有這種習性，所以養在庭院裡的狗狗會在地上挖洞藏起零食一類的東西。養在室內的狗狗無處挖洞，所以才會爲了這種天性，硬是把東西塞到沙發間隙，或是床與牆壁之間的縫隙裡。

有趣的是，有些寵物犬甚至會連玩具也藏起來。有些東西人類看起來根本不稀奇，但牠們會煞有其事地將它們藏到深處，讓人看了納悶：「爲什麼要藏這個？」如果有人靠近自己藏東西的地點，有些狗狗會焦慮到坐立不安。也有些狗狗會把東西叼出來向人類炫耀（？），然後再藏回去。只不過**絕大多數的情況是，連狗狗本尊都忘了自己藏過什麼**……。如果你家裡也有東西找不到，檢查家俱的空隙或許是個好主意。

重要的東西就是要藏好呀。
跟私房錢一樣！

## 06 挖洞是辦正事

親眼看見狗狗全神貫注地刨土挖洞……，我們事後要把土塡回去很麻煩，總是希望狗狗見好就收。但結果常常不盡人意。狗狗到底爲什麼這麼愛挖洞呢？

狗狗挖洞的行爲除了埋藏食物之外，還有幾個可能原因，其中**最大的理由恐怕就是牠們「非常樂在其中」**。在野生時代的犬類，有時爲了捕獵會去挖掘小動物的巢穴，所**以狗狗的腦袋裡大概內建了「挖洞＝有好東西！」的概念**。這時大腦也會促使腎上腺素分泌，因此狗狗多少也是有些欲罷不能。

梗犬這種品種犬，是專門培養出來獵捕在地面築巢的小動物，牠們尤其喜歡挖洞。其英文品種名「Terrier」原本就是源自於代表地面與土壤的「Terra」一詞。如果家中環境允許，請盡量讓狗狗盡情挖掘吧。

挖洞就會有好事發生！
這種想法深深刻印在我們腦中。

## 07 有洞就是要鑽～

走在路上，我們時不時會看到有狗狗從圍牆的裝飾洞裡探出頭來，有時候還會被牠們嚇一跳！正如前篇所述，狗狗最喜歡洞穴。一看到洞口，就會本能地想把頭探進去。**無事可做的狗狗喜歡眺望道路，藉此打發時間**，而待在室內閒得發慌的狗狗會一直看向窗外，道理也是一樣的。當然，或許牠們覺得嚇唬路人很有趣。

狗狗喜歡把頭探到洞裡本身沒問題，可是牠們卻時常誤判洞口大小，導致頭拔不出來。野生時代的狗狗把頭鑽進獵物的巢穴，雖然狹小，但只要挖鬆四周的土壤就能順利脫身，因此現代的狗狗**相對缺乏「鑽進去之後，有可能會拔不出來」的危機意識**。有些成犬會鑽入幼犬時能順利進出的洞，結果不小心卡住。有許多案例的飼主無計可施，最終求助消防隊，破壞圍牆才能救出自家狗狗。

## 08 左右撇子狗測驗

雖然這個惡作劇會讓狗狗困擾，但其中倒是有個地方值得大家留意一下——那便是狗狗會試圖用哪隻前腳撥掉頭上的貼紙。實際上，**已有各種實驗發現公犬多是左撇子、母犬多是右撇子**。狗狗除了前腳以外，其他感官也有「慣用眼」與「慣用耳」之分，而這種優先使用左右對稱器官其中一邊的行爲就是「偏側性」。順帶一提，還有實驗指出**右撇子的狗狗會習慣性關注右側視野，左撇子的狗狗則容易關注左側視野**。這或許是因爲慣用手會影響關注視野的習慣，造成連動反應。

此外，犬類甚至連鼻子也有慣用之分。有實驗報告指出，牠們會習慣性以右鼻孔嗅聞其他狗狗的氣味，用左鼻孔聞人類氣味。又或者是傾向於先用右鼻孔去聞陌生氣味，習慣以後再用左鼻孔去聞。雖然鼻子聞到的氣味都是以大腦進行感知，但說不定左右腦處理的氣味的類型會有差異。

如果是想測試慣用手也就罷了，
主人可不要故意惡作劇喔！

## 09 邀玩基本禮儀

狗狗想邀人一起玩的時候，會做出前胸下伏、屁股翹起的姿勢。這個猶如行禮般的姿勢被稱爲「邀玩動作」（Play bow）。**這個露出脖子要害的動作，可以向對方展示自己不懷敵意，並給出「可以由你先撲過來喔！」的信號**。這時，狗狗的尾巴也會大幅擺動，並且吠叫出聲來吸引對方注意。如果對方也給予相同的回應，雙方就會開始打鬧成一團。但如果過於激動而越打越認眞，其中一方可能會暫時拉開距離，重新做出邀玩動作表示「只是在跟你玩！」然後繼續玩鬧在一起。**下次若再看到兩隻狗狗扭打在一起，可以根據有無邀玩動作，來判斷到底是在嬉鬧還是眞的打起來了**。

人類如果向狗狗擺出同樣姿勢，牠們也會理解成這是要玩遊戲，然後就開始和人一起打滾。想跟愛犬玩的時候，不妨也試著做出這個邀玩動作吧！

## 10 搖尾巴就開心？

去撿。
到囉—
狗狗樂園
小跑步
啊。
虎太郎真快呀—
猛搖尾巴
奇怪，明明不喜歡陌生小狗，牠竟然在搖尾巴？
搖搖
搖搖
哎呀——相處得不錯嘛。

其實狗狗搖尾巴不是只在高興的時候。如果內心覺得受不了、感覺到厭煩等負面情緒的時候，牠們一樣會搖尾巴。不過，狗狗在正面與負面兩種情緒下，尾巴搖晃的方向有會所不同嗎？答案是肯定的。根據近年來義大利研究團隊所發現的事實指出，**情緒處於正面積極狀態下的狗狗，搖尾巴傾向往右，處於負面情緒下則會傾向往左**。當然，這並不表示狗狗的尾巴只會搖到某一邊，而完全不搖向另一側。這個結果表現出一種傾向，不觀察入微是很難發現的。

有個稱爲「情緒指標」的假說可以解釋爲何會出現這樣的現象。**包含人類在內的動物腦袋裡，右腦負責掌管負面情緒，左腦掌管正面情緒**。而多數動物的左右大腦會交叉控制身體左右兩側，所以狗狗才會在開心的時候向右搖尾巴，不開心的時候向左搖尾巴。

我們的尾巴會不由自主地
在高興時向右、厭煩時向左擺動。

## 11 讀空氣的專家

狗狗可以敏銳地捕捉到飼主的情緒變化，但如果人類不出聲也沒有任何動作，狗狗到底是從何分辨出來的呢？**根據最近的實驗研究結果指出，狗狗實際上能夠判讀人類的表情。**該實驗在螢幕上顯示出各種人物的面部表情，深入研究狗狗是否能夠分辨人類的「笑容」與「怒容」。結果發現，狗狗很容易就能辨識出來，除了第一次見到的陌生人可以分辨之外，就連只有上半張或下半張臉的表情都可以。簡而言之，狗狗能夠只憑藉眼部與嘴部的表情判讀人類的情緒。

還有另一項實驗發現，**研究中心的狗狗通常很少跟人群接觸，牠們會優先觀察人類的眼睛與額頭一帶；較常與人接觸的寵物犬則是傾向於觀察人類的嘴部。**這是因爲寵物犬會習慣性關注發出指令的嘴部位置，從人類臉部有最大動作的嘴部去判讀表情。

雖然我們的視力沒有很好，
但還是能辨識人類的表情喔。

## 12 老父的憂思

正常來說，母犬每年會有兩次生理期。雖說是「生理期」，但狗狗生理期的意義跟人類並不相同。人類在生理期，原本爲了懷孕做準備的子宮內膜脫落排出體外而造成出血。也就是說，人類的生理期是一種「並未懷孕」的信號，但**狗狗的生理期卻是陰道充血滲出分泌物，證明牠們處在「目前可受孕」的發情期**。這時期的母犬身上會散發一股費洛蒙，嗅到這股氣味的公犬會受到吸引，興奮地湊上前來。**母犬遇到不合心意的公犬，會逃跑或凶悍地逼退對方，所以生理期也是讓牠們壓力很大的一段時期**。有些母犬還會荷爾蒙失調、情緒焦躁。如果不希望狗狗懷孕，選擇絕育手術也是一種因應之策。

順帶一提，狗狗每次懷孕多半能產下最少兩隻、最多十幾隻小狗。英國有隻那不勒斯獒犬蒂亞，曾經創下了一舉生出二十四隻小狗的紀錄。想必牠的飼主之後都在忙著照顧幼犬呢。

生理期會引來其他狗狗關注，
還會讓我情緒焦躁，最討厭了！

## 13 嚎叫的開關

狗狗聽到救護車或警車的鳴笛聲之後跟著嚎叫，是「狗狗常見行爲」之一，也是狗狗自野生時代開始就有的習性，據說**這種行爲是爲了宣示自己地盤，或是向遠方同伴傳遞信號**。鳴笛聲中的「嗚～」聲跟嚎叫的高頻聲音十分相近，再加上如嚎叫般拖長音，狗狗很可能因此想回應同伴的呼喚，於是嚎叫出聲。有時候，原本只有一隻狗狗嚎叫，結果附近聽到叫聲的狗狗也隨之吠叫……結果演變成大合唱。尤其是**與狼血緣較親近的犬種更會嚎叫，如西伯利亞哈士奇與柴犬，而經過育種的犬種，如玩賞犬一類，則較不會有嚎叫的傾向**。

這種嚎叫行爲能夠拉近狗狗與同伴之間的關係，或許飼主下次也可以試著在愛犬開始嚎叫的時候跟著一起嚎叫。當然，前提是不要吵到你的鄰居……。

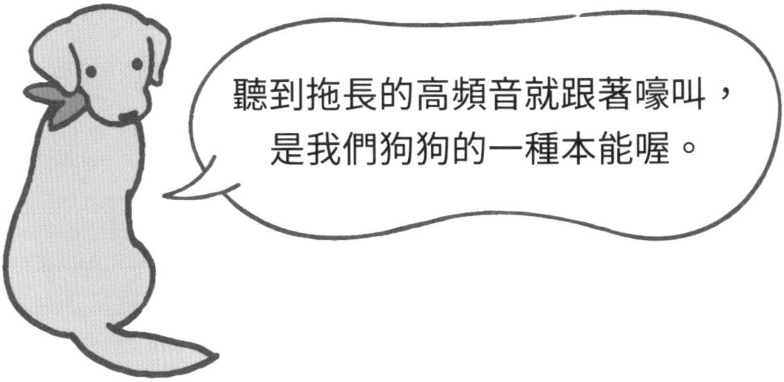

聽到拖長的高頻音就跟著嚎叫，
是我們狗狗的一種本能喔。

# ⑭ 原來是夢啊？

研究顯示，**狗狗睡覺的時候跟人類一樣，都會交替進入快速動眼期與非快速動眼期**。進入快速動眼期的狗狗，大腦處於接近清醒的狀態，眼球會不自覺轉動，擺動尾巴、四足或者說出一些夢話。人們進入快速動眼期（亦稱爲作夢期）時多半會做夢，因而有人認爲狗狗在快速動眼期的時候也會作夢。

除此之外，還有一種說法認爲，**狗狗會在快速動眼期間，重新複習學過的事物，將其銘記於心**。基於同樣的理論基礎，有人認爲要發揮記憶能力，與其熬夜學習一整晚，不如好好睡上一覺。曾經有一項實驗，先讓狗狗在練習中記住某項指令與對應動作，再讓牠睡上三個小時驗收成果，結果顯示，睡過一覺的成績比睡眠前還要好上許多。也就是說，教導愛犬學會新東西以後，讓牠小小睡上一覺會更見成效喔！

# 15 獵犬的職業病

狗狗抬起一隻前腳並佇立原地一動不動，是會在找到獵物時擺出來，被稱爲「指示」（Pointing）的一種姿勢。**在原地靜止不動是爲了不驚動獵物，而抬起一隻前腳則是爲了做好隨時衝向獵物的準備。**指標犬（Pointer）的名稱，來由便是牠們會用這個姿勢把獵物所在地告訴獵人。非指標犬的犬種雖然也會在發現獵物時本能地擺出指示姿勢，但指標犬這種專門培養出來追蹤獵物的品種犬，在指出獵物位置後，不會實際飛撲到獵物身上。牠們能在獵人做好射擊獵物準備的期間安靜等候在側，所以才會被當作優秀的獵犬。

指示姿勢看起來類似於「Puppy Lift」（請見第十九頁），但後者是狗狗用來引起關注的舉動，兩者相較之下還是有些細節上的差異，例如後腳的姿勢。指示姿勢是爲了不驚動獵物而靜止不動，所以**後腳必定會是蓄勢待發的直立狀態**。

## 16 便便儀式

爲什麼狗狗大便之前會在原地不停打轉呢？有人認爲**這是自野生時代遺留下來的習性，當時的狗狗要在雜草叢中排泄，所以要把草踏平以避免刺到敏感部位**，也可能是要確認附近是否潛藏了危險的昆蟲。

近年發表了一項有趣的調查，指出狗狗大便的時候，身體多半都會順著南北向的方位。捷克與德國的研究團隊花費兩年時間，長期觀察狗狗上廁所的行爲並做出大量記錄才得出該結論。據說這種現象常見於地球磁場較穩定的時期，而出太陽的期間磁場會變得較不穩定，這種現象因而比較少發生。

按此說法，**狗狗在大便之前不斷原地打轉，或許就是一種查探地球磁場好順著南北向方位如廁的行爲**。但至於爲什麼會是南北向，又爲什麼只有排便的時候會如此，仍舊還是個未解之謎。科學家們目前仍對此相當好奇。

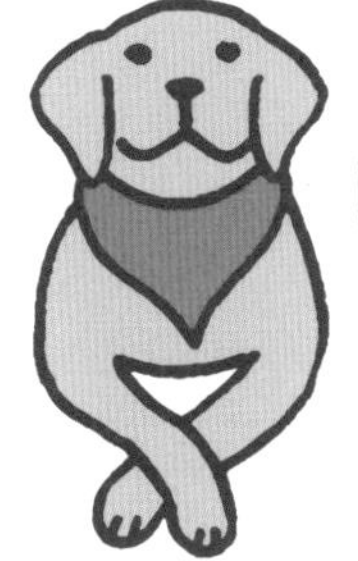

我們跟候鳥一樣都具備
感應地球磁場的能力哦！

## 17 尿尿，無聲的宣言

尿液的氣味，就等同於狗狗的個人名片，也是牠們宣示自己地盤的工具。對母犬來說，甚至還可以對外表明自己正在發情。**處於發情期的母犬會到處留下帶有費洛蒙的尿液，讓聞到氣味的公犬心想：「有母犬發情了！得快點趕到牠身邊才行！」**

此外，撒尿覆蓋其他其他狗狗尿過的同個地方，這種行爲是犬科動物（包含狗狗在內）常有的行爲。其目的在於，用自己的氣味覆蓋掉其他的氣味，宣示自己的主導權。有些地位較高的狗狗會在一旁靜待地位較低的狗狗撒完尿，再立刻上前覆蓋，儼然就是一場「尿液地盤爭奪戰」。若是有**公犬在母犬尿過的地方再次撒尿，則可能是求愛的暗示**，因爲這種行爲在狼群中，代表了與異性結成配偶或求愛的意思。不過被異性用小便求愛，狗狗內心到底是怎麼想的呢？

小便可以用來宣示地盤或求愛，
用途相當廣泛喔！

# 18 電視毛孩

鏘啷啷～
鏘－
東走西逛
旅遊去
這禮拜在說沖繩呀～
哇，這禮拜又來了！
坐
叮咚叮～
超認真！
看不到了啦～
到底是什麼這麼吸引里昂呀？

狗狗的視力本身並不是很好，據說只有零點二，而且幾乎無法分辨顏色，只能大致分辨藍色與黃色。也因此對狗狗來說，顏色鮮豔或細節豐富的圖畫並沒有太大意義。狗狗視覺表現最優異的地方在於「動態視力」，一些在**人類眼中必然會像是「一閃而過」的畫面，在狗狗看來有可能會是「一張張靜止的連續圖像」**。在這層意義上，電視節目在狗狗眼裡或許是一個與現實截然不同的「不可思議世界」。不過，狗狗**也可能是對電視節目配樂的高頻聲音感興趣，才會一直盯著電視機**。

國外還有電視公司與動物學者合作，配合狗狗來調整畫面配色與每秒幀數，量身打造出狗狗專屬的電視節目。這對於獨自留守家中、而有分離焦慮的狗狗應該會有安撫效果。其中的廣告，甚至還以人類聽不太到的音源（諸如狗哨聲）製作而成。狗狗的反應與實際的廣告效果都十分令人好奇。

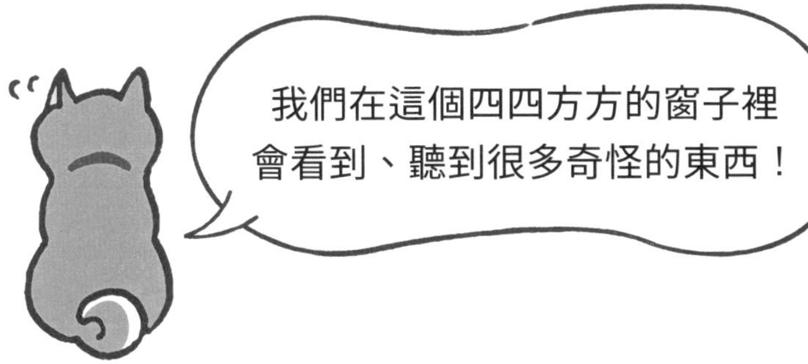

## 19 夏天的新造型

到了夏天，長毛或毛量特別多的狗狗看起來都會很熱。有人認爲幫狗狗剃毛較能避免苦夏或中暑，但其實也有另一派說法認爲剃毛會有反效果，可謂意見兩極。

反對派不贊成剃毛，因爲**狗狗身上的被毛具有隔熱效果，即使被毛表層溫度較高，底下皮膚表層的溫度也不會太高**。但剃毛這種方式，可能會讓皮膚直接受陽光照射而必須承受高溫，此外皮膚還可能因外露而更容易受傷、遭蚊蟲叮咬而引發感染。即使要剃毛，建議最好不要全剃光至完全露出皮膚，可以稍微保留些長度，或只剃掉肚腹側的毛，讓牠趴下來肚子貼地時比較涼爽。

順帶一提，**有些犬種如博美犬，一旦剃毛，毛質就會發生改變或是很難再長回來**。爲避免自家寵物「長不回原先漂亮的毛！」，請充分做好事先調查。

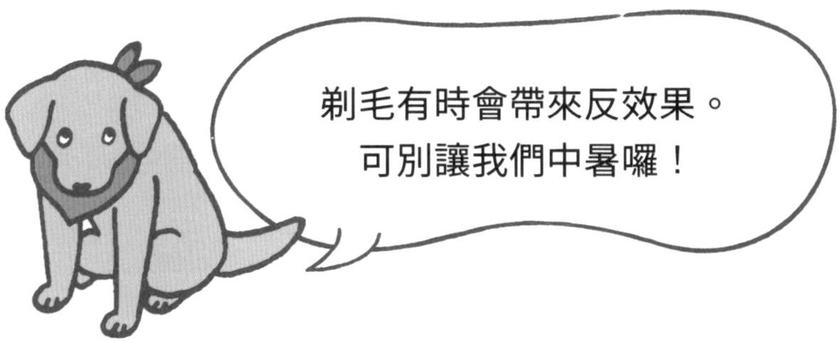

剃毛有時會帶來反效果。
可別讓我們中暑囉！

## 20 雪地玩瘋

正如〈雪〉這首日本童謠中所寫，「小狗開心地在庭院裡四處奔跑～」，狗狗似乎都喜歡下雪。而事實也正如歌詞，**包括在極寒地區拉雪橇、最具代表性的西伯利亞哈士奇在內，狗狗的身體基本上都十分耐得住寒冷**。雙層被毛的品種尤其耐寒，甚至還有狗狗可以在攝氏零下四十度的環境下活動。至於腳上的肉墊，雖然沒有體毛覆蓋看似很容易凍傷，卻但也沒問題。凍傷是身體末梢等部位的血管遇冷收縮，皮膚的溫度不斷下降所致，但狗狗收縮的血管會定期擴張產生「寒冷誘發血管舒張反應」（Cold-induced vasodilation）來提高表層溫度，所以不容易凍傷。

**對野生時代的狗狗來說，覆蓋大地的厚厚積雪不僅能削弱獵物，使狩獵更容易，也可以用來當作天然冷凍庫儲藏獵物**。或許現代狗狗也繼承了這種對雪的喜好，所以才會一看到白雪就非常興奮。

我們只要一看到白雪就會
莫名變得興奮起來喔！

# 21 是在大聲什麼啦！

你給我注意一點！
妳說什麼，混帳！
嘎嗚嘎嗚！
嘎嗚凹嗚嘎嗚！
嚴厲
指責
大聲—
怒罵—
嗚—
喂！
汪汪—
嘎—
汪嗚汪嗚
嘎嗚凹嗚！
今天晚上還真熱鬧呢。

狗狗對人類的情緒變化十分敏感。漫畫中的兩隻狗狗在飼主爭執之後也開始吵起來，是因爲**牠們在針鋒相對的氛圍中感受到無形的壓力，受到這種焦躁不安影響，結果做出一些吵鬧或反常的行爲。**

有另一種說法指出，這是狗狗「趁火打劫」想趁亂提高自己的地位。當狼群中位居高位的公狼爭奪首領寶座時，底下的狼群也會跟著鬥爭。這種行爲可能是對於領導人選不安，或是想趁亂爬到更高位置。而生活在人類家中的狗狗，**如果實力不相上下或有一方打算以下犯上，可能會爲了競爭而趁機開始吵架。**但不論是哪種狀況，飼主之間的爭執都會破壞狗狗們的和平相處。這種情形不但家庭不和睦，也會給狗狗帶來壓力，最好盡量避免。

我們看到飼主吵架，
也會不禁變得焦慮不安喔！

## 22 犬式微笑

雖然笑容是靈長類動特獨有的情緒表現，但**狗狗高興時看起來確實會像是在微笑。這跟狗狗的嘴部與眼部表情息息相關**。狗狗會在緊張時緊閉嘴巴，而放鬆時則會微開看似嘴角上揚。牠們容易在緊張時低頭，而放鬆時卻會仰頭，使雙眸映入光線顯得熠熠生輝。綜合上述，狗狗放鬆時看起來像是在對人微笑。雖然狗狗威嚇敵人時也跟笑容一樣，會咧嘴露出牙齒，但威嚇時的耳朵會向外後壓並皺起鼻子、面部朝下而目光朝上瞪視，兩者的差異很明顯。

此外，**狗狗還有一種被稱爲「Dog Laugh」的笑聲**，是狗狗玩到最開心時會出現的「哈、哈」呼氣聲，能藉此表露自己不懷敵意，起到穩定心緒的效果。人類對狗狗做出哈哈的呼氣聲，說不定也能達到一定程度的效果，有機會不如試一試！

我們在高興跟開心的時候
都會露出笑容喔！

看專欄認識

## 狗狗的身體 1

### 捲尾

柴犬跟秋田犬最大的魅力之一，就在於牠們捲起的尾巴。這樣的捲尾是人類馴化動物的一項身體特徵。例如，野豬的尾巴筆直，但自野豬馴化而來的家豬卻是尾巴捲曲。同樣地，狼也擁有直挺挺的尾巴，但馴化成狗之後就出現了捲尾。這可能是因爲動物被馴化豢養以後，就很少再使用尾巴做複雜的溝通交流，部分肌肉疏於使用而日漸不靈活，演變成了捲尾巴。日本犬保存協會指出，最漂亮的捲度，是尾巴中央留有的空間恰巧能容納一顆乒乓球。

除此之外，狗狗的尾巴還有前傾但前端不碰觸到後背的「立尾」、螺旋狀捲曲的「雙重捲尾」，以及捲到身體上方毛量蓬鬆的「松鼠尾」等各種類型。

我們的尾巴也有很多種哦！

PART 2

# 狗狗的 呆萌行爲

# 23 叮咚！趕人囉～

對家犬來說，最重要的地盤就是主人的家。有很多狗狗平時在外表現怯懦，在家卻顯得相當活潑，堪稱「土霸王」。也由於這個原因，狗狗自然會想把闖入自己地盤的外來者趕走。甚至**有不少狗狗記住「只要那個聲音（門鈴）一響就會有陌生人上門」的規律，在門鈴響起的時候出聲吠叫。**

不只如此，因爲送貨員等人只會進到玄關，辦完事就離開了，這更是加深了狗狗的錯覺，讓牠們**誤以爲「陌生人沒進室內，全多虧了自己用叫聲把人趕跑」**。讓人頭疼的是，牠們大概還覺得：「這麼做能保護主人遠離陌生人！」有些拴在玄關前面的狗狗，也會在對路人吠叫後，誤以爲匆匆離去的路人是自己趕跑的，結果更強化了這種行爲。這在以前需要看門犬的時代很有用，但在現代卻多半成了擾鄰的行爲，有時還會引發鄰里糾紛。

我們這是在幫忙趕跑
不認識的陌生人啦！

## ㉔ 快沒辦法講電話

嘟嚕嚕嚕嚕
來了。
汪汪
喂？喂？
汪汪
啊，是媽媽？
汪汪
汪汪
哎—
汪汪
最近好嗎？
汪汪
工作還好嗎？
汪汪
汪汪
妳爸他也很掛念妳。
汪汪
汪汪
啊，嗯，我很好。
我跟妳說！
嗯嗯，我知道了。
汪汪
那就先這樣。
汪汪
汪汪
還是老樣子。
在這種情況還能把話聽清楚的，大概只有我了吧…

電話鈴聲跟前一篇的門鈴聲一樣，**都是狗狗眼中「會突然打破寧靜生活的聲音」**。尤其是「鈴鈴鈴鈴！」這種大聲、尖銳的鈴聲，更會令受驚嚇的狗狗出於壓力吠叫出聲。此外，飼主一聽到電話或門鈴就必須馬上處理，**倉促行動下發出慌亂腳步聲，這一連串舉止對狗狗來說也是一大刺激**。有的狗狗甚至會在電話響起時咬住飼主的腳……。可以的話，建議將電話改成音色柔和的鈴聲並調低音量。如果無法變更鈴聲，則可以嘗試以下方法：用手機錄音，刻意多次播放該段鈴聲。一開始用較低的音量播放，待狗狗情緒穩定下來之後給點零食，讓牠對電話鈴聲留下好印象，接著再逐次調高音量。

至於狗狗爲何會在飼主講電話的時候吠叫？這很可能是在抗議自己被忽視，也可能是對飼主的行爲（自言自語、改變說話的聲調）感到不安。

那個聲音眞讓我不開心。
主人的行爲也變得好奇怪。

## 25 吸塵器是敵是友？

啊～好可愛的小狗狗！
里昂以前也是這麼小這麼可愛—
牠小時候還會對吸塵器吠，超累人的～
汪汪——
嘎—
哦—
我們家那隻根本沒在怕。
咻啵啵
我還會用吸塵器去吸牠的身體耶。
不錯啊，挺省事的～

**吸塵器吸地板時的聲音不單單只是音量大，還會發出一種讓耳朵不舒服的高頻噪音，這聲音對聽覺靈敏的狗狗來說實在是刺耳至極。**在大部分狗狗眼中，吸塵器這個東西或許「平時都靜靜待在房間角落或壁櫥裡，時不時出現的時候卻大吵著在家中四處走動」。然而也有不少狗狗非但不怕吸塵器，反而還很喜歡被吸塵器吸身體。不知道是吸塵器的聲音聽慣了，還是發現被吸毛很舒服，而且淸除廢毛相當神速呢。

**至於自動掃地機器人，不知道是不是因爲比吸塵器還要安靜，體積也較小，有的狗狗還會把它當作玩具來玩耍。**甚至有狗狗會坐到掃地機器人上面，在家四處兜風（？）。原以爲狗狗會在掃地機器人來到房間角落轉個不停的時候失去平衡跌下來，但牠們通常都坐得穩如泰山。畢竟世界上還有狗狗擅長玩滑板，這種程度不過是小菜一碟吧！

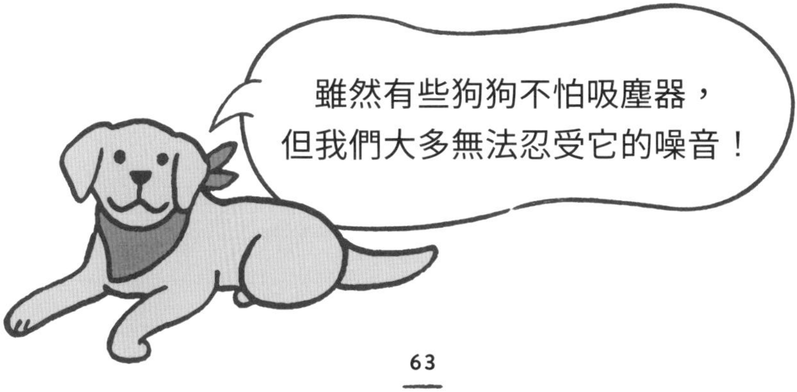

## 26 我就是要追！

在野生時代，狗狗會將自身族群以外的「活物」都視爲獵物，上前追趕進行獵捕。**狗狗對會動的東西十分敏感，只要看到對方遁逃就會想追上去**。打開「獵捕模式」開關的狗狗會進入渾然忘我的狀態，即使平時的個性十分溫馴，這時也沒人能夠制止——因爲牠的本能壓制住了理性。

野生時代的狗狗會全力追捕獵物直至力竭，所以在奔跑這方面，牠們絕對算得上出類拔萃。奔跑時的最高時速可高達六十公里，距離最長可到一晚四百公里。根據近期研究結果顯示，愛跑步的狗狗跟人類一樣都具有「跑者愉悅感」（Runner's High）。有一項實驗讓八隻狗狗連續奔跑三十分鐘，接著量測奔跑前後的血液組成。研究人員發現，**狗狗在奔跑過後，體內也會分泌花生四烯乙醇胺（Anandamide）這種讓人類感受到跑者愉悅感的物質**。狗狗之所以能持續長跑，少不了這種快感的激勵。

我們或許已經進化出了一種「想奔跑的身體」呢！

# 27 噗～什麼聲音？

狗狗似乎都不認得自己放屁的聲音。其中有一些狗狗會被自己放屁的聲音嚇到，甚至會因此吠叫或亂跑。**尤其是年齡比較小又不太有放屁經驗的狗狗，更是不容易認出自己放屁的聲音**。有的狗狗會以爲這是奇怪的事情，於是不安地用求助的眼神望向飼主。這並不表示狗狗想要把放屁這件事賴給別人，因爲牠們其實不會覺得「放屁＝丟臉」。

**巴哥犬跟鬥牛犬這類短吻犬品種犬，因身體構造不利於以鼻子呼吸，所以較常用嘴巴呼吸，吸入過多空氣也會使牠們放更多的屁**。同樣地，吃得比較快的狗狗往往也會在吃東西的同時把空氣一起吞到肚子裡，所以比較容易放屁。

健康的狗狗跟人類一樣會放屁，但放屁也可能是出於生病。如果狗狗不同於平時的狀況，放屁的頻率太頻繁、味道太臭，請向動物醫院尋求因應之策。

我聽到後面有奇怪的聲音耶？
還有臭臭的味道。那是什麼呀？

## 28 爸爸有特殊待遇

相比於女性，狗狗原則上會更加聽從男性的指令。其中一個原因在於嗓音。野狗群裡的首領在威嚇其他狗狗的時候，會用力發出低沉的吼叫聲。**所以當女性用高頻率的聲音說出「不可以！」這些命令，狗狗可能難以完全理解語氣的涵意。**此外，女性對於寵物可能有較多同理與寵愛，所以就算被狗狗當作撒嬌對象，卻也比較不容易成爲領導者。還有一種說法認爲，女性（雌性）之所以不被視爲領導者，單純是因爲狗狗群體的首領都是雄性。如果狗狗遇到外表長得像男人的女性呢？狗狗實際上能從聲音、氣味辨認其眞實性別。

狗狗也不會把年幼的孩子當作領導者。關於寵物犬是否會爲家庭成員排定地位高低，這個問題的說法衆說紛紜。假如眞的有順序，那麼**在狗狗心中，幼童的力氣比狗狗小、聲音高亢，而且體型還比領導者（爸爸）小上好幾倍，所以地位應該比狗狗自己還低。**

爸爸是我們家裡的老大，
當然要乖乖聽他的話呀。

## 29 要回家了？還早呢

就算開口的是最信賴的領導者，但狗狗也不見得會乖乖聽話……，飼主應該都遇過這種狀況吧。其實，狗狗在這種時候的內心也是很糾結的。「還想再多玩一下」、「可是家裡的老大在叫我了」、「不聽話會挨罵」、「可是我還想再多玩一會兒」……**最後，狗狗得出的結論就是「假裝什麼都沒聽見」**。如果擺明是「不要，我才不要回去！」這種態度大概會被罵，而且之後與領導者的關係可能會出現裂痕。正因爲不想這樣，狗狗才會「假裝什麼都沒聽見」。牠們愧疚卻也不敢跟飼主四目相交的模樣，眞的相當可愛。

玩得正開心的時候卻被迫中止，這種事情就連人類也會不開心。**狗狗如果記住被叫回去之後會發生討厭的事，牠們就會想要視而不見**。也因此，叫回狗狗之後別馬上回家，不妨先餵些零食或玩個小遊戲，給狗狗一些「會有好事發生」的經驗，應該會比較容易把牠叫回來。

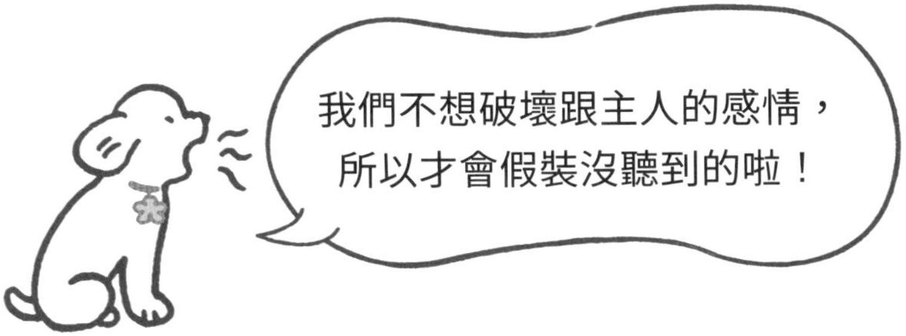

# 30 重逢大感動

我回來了。
嗚
嗚
六個月大的虎太郎
你真的有好好看家呢——
好乖好乖
哈
哈
哈
知道啦，知道啦。
好好好
搖
搖
才出去一個小時就這麼熱情迎接……
雖然很高興，但還挺累人的……
興奮到尿出來

曾有人做過一項實驗，讓狗狗與飼主分開三十分鐘至四小時，並研究狗狗再次見到飼主時的反應。結果顯示，每一隻與飼主重逢的狗狗都會做出搖頭擺尾、舔拭飼主嘴巴等表示歡迎的舉動。不僅如此，**還發現一種現象，即狗狗與飼主重逢之後，體內的幸福荷爾蒙催產素（oxytocin）增加、壓力荷爾蒙皮質醇（Cortisol）會減少**。簡而言之，即使只分開三十分鐘，狗狗再次見到主人時仍然會非常高興。狗狗太高興的話，可能會因爲私處肌肉鬆弛而引發「興奮排尿」。**有些生性愛撒嬌的狗狗也會在母犬或地位較高的狗狗面前小便失禁，以此表達「我很弱小，要好好保護我」的訊息**，或許心態接近幼犬的狗狗更容易興奮排尿。

順帶一提，舔拭對方的嘴部是幼犬見到母犬的行爲。在野生時代，母犬會將稍微消化過的食物反芻給幼犬，故而幼犬會舔舐母犬的嘴巴討要食物。

對我們狗狗來說，
主人就是最棒的獎勵。

## 31 全力配合

有些家庭習慣散步完以後幫狗狗擦腳，可能會發現狗狗在擦腳時，才剛擦完右腳便主動抬起左腳等待擦拭。**狗狗記住一些平時會做的事情步驟，就算飼主不發號施令也會自動完成**，這其實很常發生。

這種現象在某種意義上，也算是狗狗在預測飼主的行爲。牠們甚至可以預測更加複雜的事情。例如，**推測飼主是會準時回家，還是比平時更晚回家**。線索可能是飼主出門前的穿著。如果狗狗曾經發現「主人打扮得比平時更時髦的話，就會晚歸」，那麼牠就能從飼主出門前的穿著打扮，推論出「主人今天穿得跟平常不一樣。身上還有奇怪的氣味（香水）。所以會比較晚回來」。也許牠們認爲「主人不在家」是一件討厭的事，所以才會記得這麼淸楚吧！狗狗的智商相當於三歲小孩，我們千萬別小看牠們。

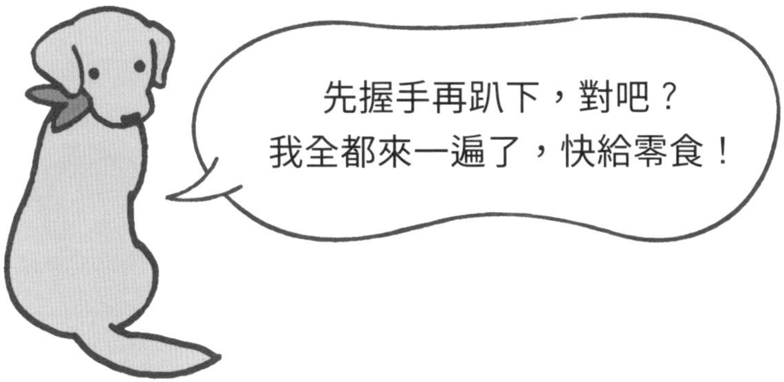

先握手再趴下，對吧？
我全都來一遍了，快給零食！

## 32 最怕的聲音

在狗狗最害怕的事物中，打雷可說是第一名。牠們會被雷聲與閃電嚇到，**對急遽的氣壓變化與聚集於地表的靜電都十分敏感，所以在雷聲落下之前就會顯露出害怕的模樣**。根據一項在美國進行的研究，有較多的獵犬與牧羊犬品種犬患有雷電恐懼症，有些專家也因此認爲，狗狗對雷電的恐懼跟遺傳相關。世界各地都有許多飼主擔心愛犬的雷電恐懼症，而市面上也有販賣安定背心，可減輕狗狗面對閃電雷鳴的壓力。這種背心能對狗狗的身體施加適度壓力，避免呼吸過於急促，並防止牠們陷入恐慌。但這並非百分之百有效。

狗狗害怕的時候，會本能地想要找個地方鑽進去、躲藏起來。**野生時代的狗狗都是穴居，所以一感到害怕就會想要躲到像洞的地方。**那副屁股露在外面、完全毫無防備的模樣，簡直就是苦肉計！

我們會怕打雷，除了太大聲，也有其他的原因喔。

## 33 對我客氣一點！

真棒～
哦，這看起來蠻有趣的。
寵物超有趣
砰！
躺倒
好，摩可妳也來試試吧！
聽到我說「砰」的時候，
就要像這樣翻身喔。
!?
翻倒
摩可！喂，給我等一下！
就跟妳說了～要翻身啊！
砰！
砰!!

狗狗能判讀人類的表情（請見第三三頁）。有別的實驗也發現，狗狗能根據人們說話的聲調判讀他們的情緒。這也就是說，**狗狗可以透過表情與聲音察覺一個人的心情好壞**。

有項實驗提供了有力的實證。研究人員讓人們分別用「笑容滿面而聲音高亢的積極模式」、「愁眉苦臉而聲音低沉的消極模式」、「表情與聲音都不上不下的中立模式」三種情境對狗狗發出指令，**發現「愁眉苦臉而聲音低沉的消極模式」很容易讓狗狗對該不該服從指令感到躊躇**。這種現象就類似於我們要請別人幫忙做事的時候，選擇笑著對人說「能幫我這個忙嗎？」或者不耐煩地說出「快給我去做！」，前者當然更能讓人心情愉快地行動起來。這種結果想來十分合情合理，但能用實驗證明也是一大進展。請用燦爛的笑容、高亢的語調，心情愉悅地向狗狗發出指令吧！

主人不高興時給出的指令
根本不好玩，我才不想聽呢！

## 34 獎賞可不能等

用給予獎勵的方式教狗狗學東西，這種方法相當有效，但要注意的是，獎勵的時機十分重要。就結論來看，要讓狗狗學會一個動作，就得在牠們做完該項動作的當下就立卽給予獎勵，否則就會沒有效果。

根據一項在東京大學進行的實驗可以得知，**狗狗做完訓練者想教牠學會的動作之後，如果在零點三～兩秒內收到獎勵，牠們體內會分泌快樂物質多巴胺並強化聯繫神經細胞的突觸連結**。反之，超過兩秒才收到獎勵的話，就會無法連結到學習，變成單純是「接受零食」。所以在訓練時，給予獎勵最重要的就是要立刻投餵。

狗狗做了壞事時也一樣。要是能在狗狗做出該項行爲的當下立卽糾正，牠們就會記住「這是不能做的行爲」，但如果過了一段時間才訓斥，狗狗會無法把事情串聯在一起，結果不知道挨罵的緣由。例如，**狗狗在看家期間的惡作劇，對牠們來說已經是相當久遠的事情了**。回家以後才責罵不但沒有效果，甚至還會因此與狗狗失去互信關係。

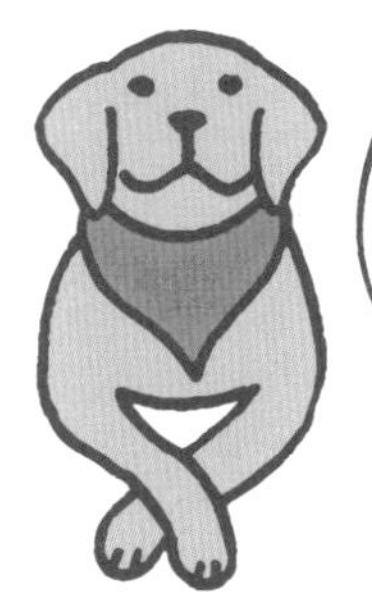

沒有馬上吃到零食的話，
我們就會不知道
爲什麼有零食吃喔！

## 35 危險的遊戲

狗狗追著自己的尾巴轉圈圈的行爲，**乍看是種可愛的個人遊戲，但如果太過頻繁，或是看到狗狗固執地追個不停，可能就要多加留意了**，因爲那很有可能是壓力引發的問題行爲。這類時常沒來由地反覆做出的相同舉動被稱爲「常同行爲」。

常同行爲由壓力造成，會因犬種的不同而有所差異，我們可以在柴犬與德國牧羊犬的追逐尾巴行爲中看出一些端倪。至於其他常同行爲，還有會十分在意自己後腳與屁股（迷你雪納瑞）、追逐或盯著自己影子不放（邊境牧羊犬）、吸舔自己的側腹（杜賓犬）、舔自己的前腳（拉布拉多犬）、在同個路線上不斷來回走來走去（牛頭㹴）等等。**若這種行爲變得嚴重，可能會發展成啃咬自己身體或把毛咬掉的自殘**，一旦發現狗狗行爲異常，請帶牠去趟動物醫院。

雖然我們會追著尾巴玩，
但主人還是要多加留意喔！

## 36 有個沒看過的怪人！

狗狗的嗅覺十分優異，所以能只憑氣味識別飼主……雖然很多人都這樣想，但其實牠們不是隨時隨地都能用氣味做出判斷。**狗狗不僅要聞嗅氣味，還需要透過外表、聲音等細節，做出「綜合」判斷來分辨出飼主。**尤其是在室內，因爲空間裡處都有飼主的氣味，想只靠氣味識別多少有一些難度。

**對狗狗來說，外觀最重要的就是輪廓。**如前文（請見第四七頁）所述，犬類的視力不太好，無法分辨細節的差異，所以牠們會透過一個人的輪廓，來大致辨認出對方是誰。也因此，只要我們穿戴上會大幅改變整體輪廓的裝扮，狗狗就會心生疑惑：「這人是誰？」牠們只會看到主人的房間裡，突然出現輪廓陌生的可疑分子，而無法立刻發現是主人在喬裝打扮，更不可能去仔細嗅聞。

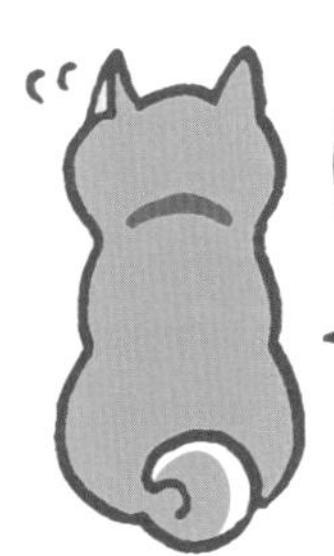

視覺也很重要的！
突然用沒見過的打扮出現，
我們當然會被嚇到！

看專欄認識
狗狗的身體 2

## 狗毛的小知識

野生時代的狗狗的體毛，原本是約三公分的直毛，但經育種改良之後，誕生出各種被毛的品種。有長著美麗長毛的犬種（如約克夏㹴），也有觸感滑順的超短毛，或是捲毛（如貴賓犬）。以貴賓犬的捲毛來說，不僅看上去漂亮，也兼具良好的功能性──由於疏水性非常優異，很適合作爲水中尋回犬。

除此之外，也有髒辮般狀似垂墜的繩狀長毛，以及沒有毛的無毛犬品種。無毛犬的體溫約四十度，比一般的狗狗還要來得高，以前曾被養來當作寒冷冬夜裡的熱水袋或舒緩貼布的替代品。無毛犬那溫熱的皮膚眞是讓人眞想摸一摸。

狗毛是品種改良的結果喔！

PART 3

# 狗狗厲害，但狗狗不說

# 37 肉肉逃不出我的鼻子

狗狗的嗅覺有多靈敏不用說大家也知道，這是因爲牠們**鼻腔內部負責接收氣味的「嗅覺上皮」組織面積特別大**。人類的嗅覺上皮組織約在三至四平方公分，而狗狗的嗅覺上皮組織足足有十八至一百五十平方公分（因犬種而異），人狗之間的差距最多達二千五百倍。而嗅覺上皮所接收到的氣味會由大腦裡的「嗅球」部位進行感知。**在品質上，狗狗約六克的嗅球同樣優於人類一點五克的嗅球，差距超過四倍**。人類明明在大腦與體格方面都比較大，嗅覺方面卻遠遠不及狗狗……可見犬類是嗅覺多麼發達的動物。

不過，狗狗在辨別氣味時也有擅長與不擅長之分。舉例來說，狗狗對於動物汗水中所含的乙酸，嗅覺敏銳度比人類高上一億倍，但對於紫花地丁這種植物的花香，敏銳度卻只有人類的三千倍左右。這是因爲紫花地丁的花香與生存較無關連，但嗅聞動物的汗味卻是狩獵時不可或缺的技能！當然，狗狗對於美味食物的味道也相當敏感。

## 38 突然說人話

前幾天在我要餵里昂
吃飯的時候，
牠自己跟我說了
「飯飯」耶！
哦——
之前里昂
還跟我說「早安」
叫我起床喔。
早安～
要散步的時候，
我稍微耽誤了一下
結果牠也有跟我說
「快快」耶！
欸——
…天才…？

狗狗的吠叫聲可以分成幾種類型，**有些時候聽起來像在說人話，基本上是「嗚～汪」這種又高又拉長的叫聲**。這種叫聲原本是幼犬向母犬撒嬌時會發出的聲音。由於多數寵物犬都保有幼犬的心態，所以在討飯吃、或鬧著要散步的時候，也會用這種聲音向飼主撒嬌。而當這種叫聲**聽起來恰巧像是在說「飯～飯」、「快快」等話語，並讓飼主出現超出牠們預期的驚喜反應，牠們就會反覆發出這種叫聲**。

話說回來，狗狗還能改變叫聲的音程與長度，出乎意料地非常有功用。狗狗的叫聲也會根據犬種而有所不同，其中也有些很特別，如巴仙吉犬無法吠叫而只能發出像是約德爾唱腔（會產生一連串高－低－高－低的聲音），或是嚎叫聲像是在歌唱的新幾內亞唱犬。狗狗的歌聲令人不禁想聽上一次。

## 39 不能提到的關鍵字

狗狗會記住對自己來說十分重要的詞彙。「握手」、「坐下」一類的指令自然會牢牢記住，而像是**「散步」、「吃飯」這種生活中會用到的詞彙不用特別教狗狗也能記住。**飼主每次帶狗狗去散步都會說「去散步囉」，而狗狗會把這句話與散步這個行為串聯在一起。

能學會多少詞彙會因狗狗的智商高低而異，不過**有隻住在美國的邊境牧羊犬崔莎（Chaser）能完全記住共計一千零二十二個玩具名稱。**當飼主說出「去把〇〇拿過來」，崔莎就會從諸多玩具之中，正確無誤地把對應的玩具叼出來。在測試過程中，玩具都放在飼主視線無法觸及之處，所以飼主無法給予暗示。如果主人說了一個陌生的詞，崔莎甚至還會把沒看過的東西叼過來。這表示牠能完全理解名字的概念，充分展現聰明才智！

對我們來說特別重要的詞彙，
就算沒人教也會記住哦。

# 40 粉絲服務

有些狗狗對「可愛」這個詞彙非常敏感，但這絕不是因爲牠們太過自戀，覺得「別人是在說我可愛」。眞正的原因，是因爲**狗狗過去有過多次這種經驗：有人說自己「可愛」就能得到溫柔撫摸、有零食吃。所以會自然而然記住「可愛＝有好事發生」**。狗狗期待有好事發生，於是雙眼放光、嘴角上揚，而這種表情實際上也的確很可愛，非常吸引目光。

順帶一提，**狗狗有時會做出眉頭上揚，看似困惑又憂傷的表情，這也是人們眼中可愛的表情之一**。根據一項英國的研究顯示，狗狗擺出這種表情似乎更能誘發人們「想替牠做點什麼！」的想法，而且時常露出這種表情的狗狗，被人從動物收容所裡領養出來的機率也較大——牠們等待領養的時間，比會做出搖尾巴這類撒嬌行爲的狗狗還要更短。

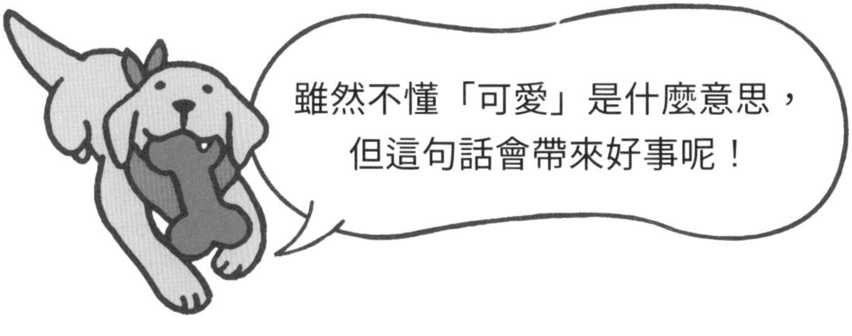

## 41 跨越物種的愛

狗狗居然會養小貓!?
哎呀—真是偉大。
這隻狗狗會餵小貓喝奶……
小貓嗎～
這麼一說……
候診室
休診日
%….
%….
幼貓送養
喵
喵
喵
挺不錯的……
行不通的啦!

你可能有聽過狗狗餵養幼貓的新聞。**也有其他的報導指出，狗狗除幼貓以外還會撫養各種動物，上野動物園就有過狗狗餵養遭棄養的幼虎的案例發生**。這種溫馨的情況光是想像，就令人不禁莞爾，究竟是爲何會發生呢？母犬如果在哺乳期，很可能是因爲在荷爾蒙的影響下有「想要養育幼小寶寶」的心情，因此願意哺育其他動物的寶寶。此外，牠們在人爲飼養下生活無虞，所以外敵與獵物的意識變得較爲薄弱，可能也是原因之一。

母犬會不辭辛勞哺育寶寶，另一個原因則在於「嬰幼期動物的可愛外表」。那是一種被稱爲「寶寶基模」（Baby Schema）的體貌特徵，**只要看到大頭大眼，身形矮胖並有著圓圓臉蛋、小巧鼻子與嘴巴的生物，就會讓哺乳動物本能地產生保護欲**。或許正是這個原因，促使母犬願意跨越物種隔閡去哺育其他動物的寶寶。

有時候，雖然知道不是自家孩子，
但我們還是會想要哺育牠們。

# 42 放羊的主人

狗狗並不是傻瓜。**如果你用零食誘騙，但實際上沒有守承諾給零食，這樣狗狗會把你貼上「這個人會騙我，我不能相信他」的標籤。**也就是說，狗狗會鑑別一個人的人品好壞。

京都大學做過一項實驗。研究人員準備了兩個容器，並且只在其中一個裝入零食。實驗一開始，研究人員只在狗狗面前擺出裝有零食的容器，並以手勢告知。狗狗窺看容器，找到零食並且吃掉。接著研究人員會同時擺出兩個容器，並用手指向空空的那一個。狗狗按指示走向空容器，卻發現裡面沒有零食，於是顯得很失望。結果，當研究人員再指向裝有零食的容器之後……原本都會聽指示的狗狗，多數都不願意再聽從了。

我們由此可知，**狗狗一旦受騙上當過一次，就不會再相信欺騙過牠的人**。容易忽略狗狗心態而隨便做出誘騙行爲，或出於好玩想要戲耍狗狗的人，務必要多加留意這一點。

居然拿零食來騙我，
我已經不能再相信你了！

# 43 如果主人不關心我

這劇情開始變得有趣了！
犯人一定就在這些人當中……
嗯？摩可怎麼了？
不好了!!
突然
走路姿勢怪怪的
得立刻去看醫生才行。
摩可——振作一點！
牠一點事也沒有喔！
咦!?

狗狗也會用裝病的招數。大部分時候，**牠們會佯裝走路跛腳，腳步輕緩地用奇怪的姿勢走路，假裝腳很痛**。或許有人會有疑惑，認爲：「難道動物也會演戲？」但其實類似的現象，也會發生在其他動物身上。其中較爲著名的，是鳥類的擬傷行爲。有些種類的親鳥發現天敵接近自己的蛋或雛鳥，會在稍遠處步伐踉蹌、並不斷撲打翅膀。天敵若是以爲「親鳥比較好捕獵」就會被引誘靠近，這時親鳥才飛身離去，最後得以保住蛋或雛鳥。

**鳥類的擬傷行爲是爲了保護自家寶寶，而狗狗的裝病行爲則是爲了引起飼主的關注**。牠們知道這麼做能讓飼主擔心而多加理睬，所以在主人看不到的地方就會行走如常。如果看到狗狗有裝病行爲，不妨回想一下最近給牠的關心是否足夠。

我們會爲了引起主人關注，
於是佯裝自己生病喔！

## 44 老狗的新把戲

老犬的體力與視力、聽力等感官功能都逐漸衰退，如果比的是體能，牠們自然贏不了年輕氣盛的狗狗。但已有實驗結果證明，**老犬的邏輯思考能力更勝一籌**。

進行這項實驗的是一間澳洲的大學。研究員的實驗對象是九十三隻介於五個月至十三歲的邊境牧羊犬，讓牠們學習如何在觸控螢幕上的兩幅圖片中選出正確的那一幅。結果顯示，年輕狗狗在這一階段花費的學習時間比老犬短。

然而，下一個階段就輪到老犬發揮實力了。實驗人員留下不正確的圖片，並且將正確的圖片替換成另一些陌生的圖片。結果卻發現，老犬選對的機率更高！這表示**老狗有推斷出「這邊的畫不對，所以正確答案應該就是另一邊」的「邏輯思考」能力**。果然薑是老的辣，可見並非一切都會隨著年紀增長而衰減呢！

我們的閱歷會隨著年紀而增長，
懂的事情也會變多喔！

# 45 逃難第一

來，你的咖啡。
噢，謝啦。
哇！
大地震動
啊——搖得鑾大的耶！
咦，虎太郎去哪了？
有些狗狗知道有地震還會跑去救主人耶……
可能虎太郎比較特別！

狗狗有時會做出一些人類眼中看似能預測到將會發生地震的行爲。不過，**許多動物（包含狗狗）的感官都比人類的敏銳，有人因此認爲動物只是能感知到地震發生前的某種環境變化**。例如，人類能感知的主要是橫向震動的S波，但微弱縱向震動的P波會在S波之前率先抵達。有些論點認爲動物之所以能預測地震，正是感知到了P波。

**另一個論點，則認爲動物是感受到了地殼變動產生的電磁波**。麻布大學獸醫學院曾進行過一項研究，在地下三十公分處以線圈發出電磁波，調查地面上狗狗的壓力荷爾蒙變化。結果發現平均百分之十的狗狗會有反應，其中反應最明顯的是西伯利亞哈士奇這類較爲接近狼的犬種。這也顯示出，不同犬種與個體的感知能力也有差異，說不定個性散漫的狗狗就完全察覺不了地震前兆。

比較接近狼的品種，
可能對地震的感知能力較強。

## 46 天生狗才必有用

警犬與搜救犬的傑出表現很令人佩服，但**如果希望所有狗狗都能有高超表現，那這種希望就太沉重了**。因爲狗狗的能力與個性會有犬種與個體上的差異。以巴哥犬這類短吻的犬種爲例，牠們的嗅覺就明顯比長吻犬不靈敏。而在性格方面，有些犬種（如邊境牧羊犬）非常享受接二連三完成任務，自然也有些犬種（如米格魯）非常疲於應付訓練。而就算是同樣的犬種，也會有個體間的差異。

日本警犬協會指定作爲警犬的犬種有：德國牧羊犬、黃金獵犬、拉布拉多犬、拳師犬、杜賓犬、柯利犬、萬能㹴，共七種。每一種都體格健壯、嗅覺優異，頭腦聰明又冷靜，還擁有極高的耐力。相比之下，**搜救犬的陣容很龐大，從拉不拉多犬到混種犬都有**。令人驚訝的是，其中甚至有吉娃娃！小型犬才能做到的好表現也很值得期待！

## 47 反省中？

有些狗狗做錯事被發現以後，會做出目光閃躲，或是露出肚子的行爲。這樣的舉動彷彿是在反省自己的過錯，請求主人的原諒。但實際上，**只有人類才會把狗狗的這種行爲當作是一種罪惡感的表現。**

曾經有項實驗，深入研究狗狗在飼主離家期間偷吃零食，結果被斥責的行爲反應。不過，除了狗狗眞的偷吃零食的情況，研究人員還額外設置了一種狀況，讓別人藏起零食誣陷狗狗。結果發現不管有沒有眞的偷吃，狗狗都會目光閃躲。由此可以推斷，狗狗**這種閃躲的行爲並非出於罪惡感，而是因爲自己正被飼主斥責，又或者是感受到了被罵的可怕氛圍**。也就是說，如果家裡養了多隻狗狗，想要斥責惡作劇的眞兇的話，就算有狗狗一副犯了錯正在反省的樣子，也不代表牠就一定是犯人唷！

我們有時候看似是在反省，
其實只是在害怕主人而已啦！

## 48 白衣退散！

說到醫生就會聯想到白大褂。白色是象徵乾淨整潔的顏色，但另一方面，也是會強化緊張感的顏色。此外，由於醫院會令人聯想到「要接受打針這類痛苦」，以致**有些狗狗因而患上了只要看到身穿白衣服的人，就會壓力大到引發心跳加速、血壓上升的「白袍高血壓」**。這個現象在各種動物身上都會發生，包括人和狗狗。以貓咪爲例，根據美國獸醫學院研究十三隻貓咪的結果顯示，貓咪在動物醫院時的血壓平均會比正常數值高了十七點六毫米汞柱。甚至有個體的血壓飆升了七十五點三毫米汞柱，對照平時的平均血壓一百毫米汞柱實在相當異常。**因此，動物想要在醫院量測到正常的血壓或脈搏其實有些難度**。

爲了減輕病患跟動物的壓力，近來有不少醫療院所及動物醫院員工都開始穿上不同顏色的醫護服，在牆壁刷上糖果色系油漆的醫院也有增加的趨勢。不過，如果狗狗常常看到獸醫師穿著藍色醫護服，下次也有可能對藍衣服有過度反應……。

我看到白衣服就會想到獸醫，
變得很緊張，開始手足無措。

看專欄認識
狗狗的身體 3

## 舌頭顏色

許多人都以爲狗狗的舌頭只有粉紅色，但令人驚訝的是，有些狗狗的舌頭是深藍色與黑色。鬆獅犬擁有深藍色舌頭，牠們的舌頭在小時候還是粉紅色，而後隨著年齡漸長才變化爲藍黑色，所以又被稱爲「黑舌犬」。此外，品種接近鬆獅犬的沙皮狗的舌頭顏色則是偏紫，據說牠們的血統是與狼接近的古代犬種血統。除此之外，北海道犬與甲斐犬的舌上帶有黑斑（舌斑）。有一說認爲，繩文時代遷徙至日本的犬種才擁有舌斑，自彌生時代遷徙而來的柴犬等犬種則沒有舌斑。

上述這些狗狗的舌頭天生就與衆不同，但如果一般狗狗的舌頭出現變色狀況，飼主就需要特別留意。舌頭變藍黑色很可能是缺氧，變白或變紅有可能是中毒，若冒出黑斑則可能是長出了惡性腫瘤。

驚！竟然有深藍色舌頭！

PART 4

# 讓主人頭痛的問題行爲

## 49 曇花一現的清爽

啊ー
累死了……
洗澡每月一次，這真的是一門大工程啊。
不過洗完變乾淨的感覺真是不錯！
蓬鬆
清爽～
啊，虎太郎你給我等一下！
啊啊 ーー！
滾來滾去～～

狗狗洗完澡乾淨清爽，在人類看來是相當舒服的狀態，但這對狗狗來說其實並沒有那麼舒服。**洗澡之後，狗狗散發自我訊息的體味淡去，甚至還沾上對牠們來說毫無用處的沐浴露香氣，往往都會令牠們覺得「自己變得不像自己」了。**也因此，牠們有時才會想要染上熟悉的大自然氣息（泥土），藉此緩解一下這種不舒服的狀態吧！

不只是泥土，有些狗狗甚至會刻意跑到充滿惡臭的排泄物或廚餘上面打滾，讓身體染上這些氣味。這種行爲的眞正原因還不清楚，但也有一說，認爲狗狗是想在狩獵之際用更強烈的味道掩飾掉自身氣味。**狗狗尤其喜歡乾癟蚯蚓屍體散發的氣味**，進入忘我狀態的話，還會在蚯蚓上面滾來滾去，到最後甚至是將其吃進肚子裡……。蚯蚓到底爲何如此吸引狗狗，至今仍是個未解之謎。

我們只是想快一點
找回屬於自己的味道。

# 50 愛的咬咬

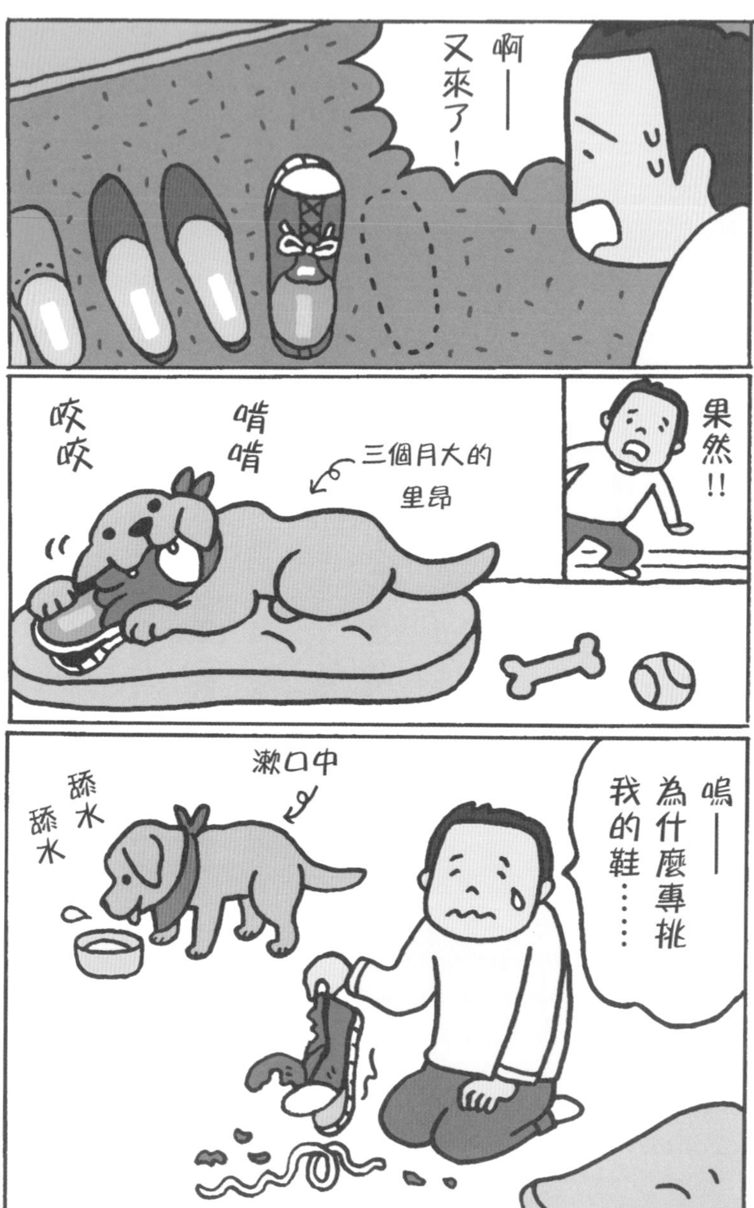

有很多狗狗都喜歡啃咬的鞋子和拖鞋。仔細想想，可能沒有東西能比主人經常在穿的鞋子更吸引牠們了。除了橡膠部分與布料部分的不同口感，還可以享受啃咬鞋帶與用力扯出鞋墊的樂趣，更重要的是，**鞋子上面充斥著飼主的氣味**。正如前篇所述，狗狗最喜歡逐臭，尤其喜歡體味強烈的男性被悶了大半天的臭腳丫。

「普通人聞了都被臭得受不了，嗅覺更靈敏的狗狗聞了難道不會被臭暈嗎？」如果你有這個疑問，還請放一百萬顆心。雖然狗狗能以高於常人一億倍的嗅覺敏銳度聞出汗水裡的乙酸，但這不表示牠們能聞到強一億倍的乙酸——**牠們只是聞得出比人類最低的嗅覺感知極限，還要再淡上一億倍的氣味**。也因此，警犬連事發前幾天的犯人足跡等線索裡的細微氣味，都有辦法聞得出來。

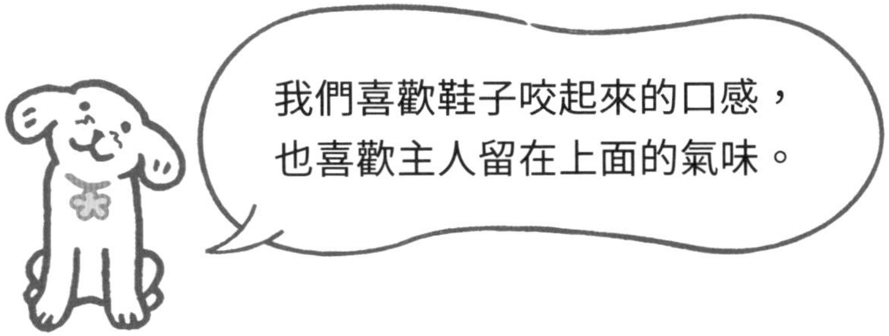

# 51 貪吃無極限

!

里昂今天特別安靜耶。

吃個不停

六個月大的里昂

喂喂！

Food

啊——

啊——

嘔呃

為什麼要把自己吃到吐啊！

嗚……

嗚……

真是的——

食量大是狗狗自野生時代就有的天性。那時的狗狗依靠狩獵過活，**由於不是每天都能捕獲獵物，所以狗狗會本能地「在有食物的時候盡量全都吃下肚」**。再加上狗狗是成群結隊狩獵，獵得的食物也是群體全員一起分食。自己應得的那一份如果沒留意，也會被其他狗吃掉，所以牠們基本上都是一口氣把東西吃個精光。正因為有過這種生活模式，**狗狗的胃才會演化成，一餐能吃下分量達體重五分之一的食物**。等於是體重五十公斤的人一次吃下十公斤的食物，普通人根本模仿不來。

此外，狗狗胃部的構造是入口比較鬆，容易回吐食物，像是母犬會把食物吐出來餵給幼犬。不過，就算狗狗有這種構造與習性，我們也不能隨隨便便認為「讓狗狗一次多吃一點，就算吐了也不會有大問題」。一口氣吃得太多容易囤積脂肪，反覆吐出食物也容易引發食道炎跟胃扭轉這類疾病。飼料基本上還是要分成小份餵食。

我們看到眼前有很多飼料，
就會不由自主地全都吃下肚。

# 52 我就是忍不住

有的狗狗被交代別亂動，就會老老實實等個五小時以上，甚至還有狗狗可以一邊讓零食放在鼻子上、一邊乖乖忍著不動，但這對普通狗狗來說並不是件簡單的事情。**大部分狗狗都是在主人沒看到的時候就張口吃掉。**

有人做過這樣一個實驗。將室內燈光亮度從明亮至昏暗分爲數個等級，接著把零食放置地面再讓狗狗在旁邊待命，觀察八十四隻接受測試的狗狗在相應亮度下的反應。結果發現，**處在昏暗狀態下的狗狗有較高的機率偷偷吃掉零食，甚至都沒等上多少時間**。也許狗狗覺得在昏暗的環境下，別人看不見所以不會事跡敗露吧！另一項研究中，研究員讓狗狗在偷吃零食時可以選擇觸發聲音或不觸發聲音，結果發現多數狗狗都會選擇不發出聲音的方式。做壞事的時候自然會想要避人耳目，這也間接證實了狗狗能站在人的觀點思考，而且智商有一定水準。

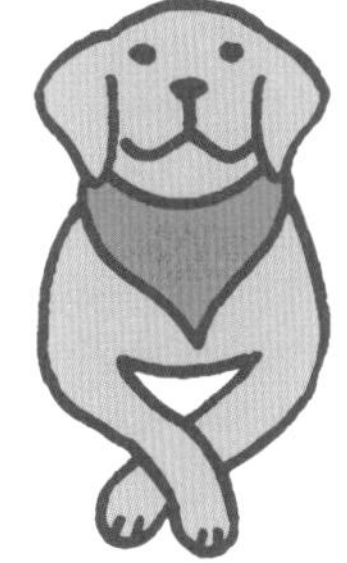

沒有主人看著的話，
我們就無法抵擋零食的誘惑。

## 53 給我吐掉！

研究散步期間遇到的新奇事物是狗狗的樂趣之一。掉在地上的垃圾**對飼主來說不過是垃圾，但對狗狗來說卻是「值得好好研究的有趣東西」**。當狗狗發現東西時，自然想要盡情聞一聞、舔一舔它的味道好好研究，並把它視爲喜愛的寶物藏起來。但是自家主人卻作勢要來搶奪，結果原本只是想把這個東西藏起來，卻可能不小心將其一口吞下肚。

誤食異物以後，如果不能用排泄或催吐的方式將東西排出，最後還可能會需要進行開腹手術。狗狗很容易把諸如網球、碎石、工作手套、布偶等東西吞下肚。**英國有隻名叫卡爾的狗狗，曾經在六個月大的時候吞下長達三十八公分的刀子，而牠的體長卻只有四十五公分，**好在牠經過開腹手術之後性命無虞。這也是狗狗究竟有多會亂吞東西的一樁奇聞軼事。希望飼主們都能多加留意，避免自家狗狗有誤食行爲。

我們只是想把東西先留下來，
直到搞清楚那是什麼。

## 54 狗改不了的事

有不少飼主似乎很頭痛一件事，就是狗狗會吃下糞便。**雖然吃下正常的糞便對狗狗來說並不會造成大問題**，但身爲飼主，我們還是會希望狗狗停止做出這種行爲。

狗狗之所以吃糞便有幾個可能的原因。一是糞便裡面殘留著食物的氣味；二是如前篇內容所述，狗狗只是將感興趣的東西叼在嘴裡，結果一時情急才將東西嚥下。也有其他可能的原因，例如母犬具有吃掉幼犬糞便消除痕跡的習性，而過了育兒期也仍舊保留下這個習慣。這可能也讓幼犬模仿母犬的行爲，於是跟著吃掉自己的糞便。

在此提醒飼主一件事。如果狗狗在廁所以外的地方大便，結果被主人出言斥責，牠們很可能會覺得**「我一大便就挨罵，所以以後要把大便吃掉不留半分痕跡」**。爲了避免這種情況發生，千萬別斥責狗狗亂上廁所。

我們不知道爲何不能吃大便，
不想發生的話，
請早點把大便清理掉吧！

# 55 抱抱作戰成功！

狗狗散步到一半突然罷工不肯再走，這種狀況飼主應該都有遇過。**跟飼主拔河時的狗狗簡直固執得令人難以置信**。這可能是以下原因造成：狗狗遇到想再研究的東西，主人卻沒停下腳步；開始回程但不想回家；單純累了不想再走。也可能是狗狗以為是去動物醫院的路線，所以做出「我拒絕往那邊走！」的抗拒行爲；想往喜歡的公園去，所以「別去那邊，往這邊走！」想領著主人。理所當然，**也有些狗狗是爲了想被人抱在懷裡而不願再走，而如果狗狗有過「停下不走就有零食吃」的經驗，那可能也會爲了拿到獎勵而止步不前**。飼主要特別注意，別讓狗狗誤以爲只要不走就能得到獎勵。

以上是狗狗「不走了」的情況，不過如果是生病或上了年紀，則會出現「走不了」。當狗狗日漸走不動，就是寵物推車上場的時候了。屋外充滿變化的景色能爲狗狗的大腦帶來一些刺激，進而預防失智。最好能維持每天散步的習慣。

跟主人散步的時候，
偶爾稍微耍點小任性又沒關係。

## 56 誰是狗奴才

有些狗狗的架子很大，甚至搞不清楚究竟誰才是主人。我們一般覺得飼主本來就占據領導地位，但其實也有另一種說法認爲**狗狗並不需要領導者**。最有力的依據，就在於只有動物園這類經由人工飼育的狼群才有明確的階級制度，野狼與野狗群中並沒有這種嚴謹的位階之分。人工飼育的情況下飼料有限，自然而然造成了競爭社會並衍生出階級制度。

只不過，**也有人認爲寵物犬比野生群體更接近人工飼育下的狼群生態，所以牠們也應該具有階級意識才對**。至於哪種說法正確，現階段仍未有定論。例如，哈士奇這類接近狼的犬種，其階級意識與查理斯王騎士犬一類玩賞犬就有明顯的差異。而德國牧羊犬這類地盤意識較強的犬種，也會擁有較高的階級意識。顯然我們不能單單用「狗」一字就將所有犬種概括而論。

我們的階級意識
可能依照品種有強弱之分哦。

## 57 你捨得罵我嗎？

狗狗仰躺露出肚子的姿勢是一種向對方表示服從的表現——把自己腹部弱點坦露在外的模樣，無一不是在表明「我投降！」，是個讓人一看就能心領神會的身體語言。但其實，**狗狗對人露出肚子有時候並不是在宣示牠們的服從。**

辨別的重點就在於狗狗的尾巴。由於狗狗向人表露服從是在處於弱勢的時候，所以會此時會用後腳夾著尾巴；如果狗狗沒有這麼做，而是伸直了尾巴輕快地搖來搖去，那麼可能是單純處於放鬆狀態，或是在邀請別人「快摸摸我的肚子」、「陪我一起玩」。**狗狗假如做出這個姿勢的時候，有得到過飼主的溫柔對待，那之後可能會故意露出肚子來向飼主撒嬌。**

所以，就算狗狗露出肚子表示服從，也不一定是在致歉表達「對不起」，而是在向人訴說「別生氣了嘛！」，跟牠有沒有做錯事並沒有關係。

我們露出肚子
不一定就是在表示服從唷！

## 58 別搶我主人～

你們家
小空
老是這麼乖～
才沒
這回事呢——
之前
我男朋友
第一次來我
家的時候啊——
啊，
我的背包……
小空！
呀——
幹了好事……
對啊—
敗給牠了。

身爲飼主想必都能理解，**狗狗也是有嫉妒心的**。飼主給予的關愛是狗狗心目中最重要的東西。當狗狗看到主人忽略自己、還跟陌生人卿卿我我，又恰好看到帶有那人氣息的背包就近在眼前，自然而然，狗狗就會夾雜著不安的情緒在背包上面撒尿進行標記。這種行爲並不奇怪。

美國加利福尼亞大學做過這麼一個實驗。他們準備了小狗布偶、萬聖節南瓜和立體書三種玩具，讓飼主無視狗狗，假裝獨自玩玩具玩得很開心。結果發現狗狗對南瓜與立體書顯得毫無反應，卻會在主人玩小狗布偶的時候做出一些試圖介入主人與玩偶、啃咬小狗布偶，或是碰觸主人想引起關注的行爲。由此可見，狗狗眞的有嫉妒心，**還會試圖離間、破壞競爭對象與主人之間的友好關係**。這一點跟人類一樣呢！

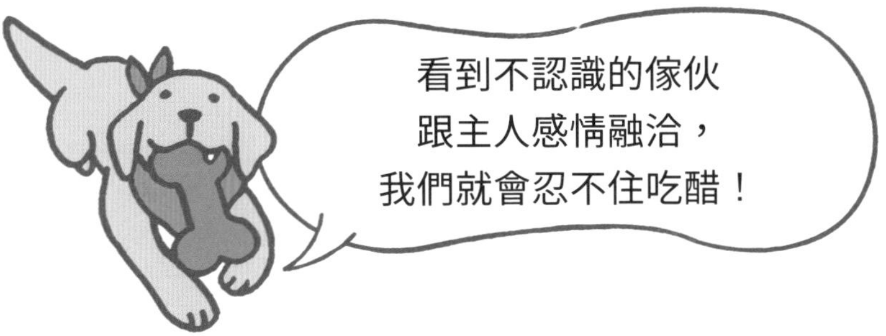

看到不認識的傢伙
跟主人感情融洽，
我們就會忍不住吃醋！

# 59 一瞬眼就是屁股

也許有人會覺得「狗狗將屁股對著人」是不喜歡的表現，但這種舉動**其實是一種十足信賴對方的象徵**。狗狗跟人類一樣能夠馬上確認前方來者，卻無法對身後之人做出快速反應，所以狗狗自然不會讓戒備對象出現在自己身後。牠們睡在屋外的時候，也傾向背對無需格外警惕的洞穴與樹木、和同伴背靠背以確保毫無視線死角。而且，狗狗屁股的氣味裡有著狗狗的基本資訊，只有足夠親近的人才會被允許嗅聞。這也就是說，狗狗屁股朝著你睡覺，**其實是一種「我全心全意信賴你」、「有你在背後守著我，我才能睡得安心」的表現**。

狗狗有時候還會採取後腿伸直、肚子貼地的睡姿。這種姿勢會讓狗狗無法立即站起身來。如果牠們背朝主人採取這個睡姿，那簡直稱得上是完全把自己託付給主人了。

把毫無防備的屁股面向對方，
是我們給予最大信任的證明喔！

看專欄認識

狗狗的身體 

## 神奇的狗鼻子

有些犬種（如貴賓犬、馬爾濟斯以及拉布拉多犬等），當中毛色較淡的狗狗會出現鼻子在夏天呈黑色，到了冬天就變成褐色或粉紅色的情形。這個現象叫做「Winter Nose」，在日本則稱為「冬鼻」或「雪鼻」。這是因為夏天的紫外線較強而鼻子顏色變黑，冬天的紫外線較少而顏色變淡。有些飼主就算跟狗狗朝夕相處，也不見得會發現呢！

有些說法認為，擁有黑色狗鼻的狗狗嗅覺會比粉紅狗鼻的狗狗還要靈敏，因為狗狗全身的黑色素濃度會影響嗅覺的敏銳度。如果這屬實，是不是表示擁有冬鼻的狗狗到夏天就會嗅覺更靈敏……？其實不會，夏天的時候熱到需要哈哈地張口呼吸，所有狗狗的嗅覺敏銳度都會受到影響，嗅覺才變得比較差。

鼻子會變色，眞教人吃驚！

PART 5

# 十隻狗狗，十種生活

# 60 吉娃娃抖不停

有個名叫「伯格曼法則」（Berg mann’s rule）的現象指出，寒冷地區的動物體型，會比居住在炎熱地區的同種或同類動物還要龐大。舉例來說，同樣是鹿，北海道的鹿的體型就大過屋久島的鹿。體型較大的話，體表面積就會相對小，使熱量不易逸散，因而更能抵禦寒冷。換句話說，**吉娃娃身體發抖的原因之一，就在於體格嬌小比較怕冷**。牠們很可能就是爲了維持體溫才這樣身體顫抖。

但仔細想想，吉娃娃有時也會在氣溫宜人的時候抖個不停，而且其他體型相近的小型犬也沒有抖成這樣。**有說法認爲，吉娃娃是因爲膽子太小才會時常發抖，但牠們個子雖小卻其實十分強勢**，因此這個說法也令人存疑。也有專家表示發抖是吉娃娃特有的一種遺傳。總之目前還未有定論。

原來小型犬會比較怕冷。
跟幼犬一樣呢！

## 61 可愛又凶悍

一般來說，吉娃娃的個性與其嬌小可愛的外表恰恰相反，大多強勢凶悍。根據英國一篇以三十種狗爲對象的調查中，**吉娃娃名列「對陌生狗狗具有極高攻擊性犬種」第三名**。實際上，這個研究的前十名有八種都是小型犬，除了吉娃娃以外，臘腸犬、馬爾濟斯等犬種也光榮上榜。另一方面，攻擊性較低的前十名則有包括拉布拉多犬、獒犬與西伯利亞哈士奇等中大型犬入榜。而在「對陌生人具有極高攻擊性犬種」的部分，前十名果然也有小型犬。這或許是選擇性育種的結果。

**大型犬若帶有攻擊性很容易引發重大意外，所以選擇個性穩重的狗狗繁殖尤其重要**。也因此，「體型龐大又個性溫和」的狗狗才會增多。相對地，小型犬就算帶有一些攻擊性也不會像大型犬那般危險，而玩賞犬的需求頗高，才讓牠們留下了「可愛又凶悍」的遺傳基因。

小型犬就算強勢凶悍
也不會有大型犬那樣的問題。

## 62 狗狗的生命時鐘

**在不同物種之間，體型越大的動物基本上會比體型小的動物活得更久。**大象能活八十年以上，但老鼠的壽命僅二至三年。老鼠的心跳數每分鐘高達約六百次，相比之下，大象只緩慢跳動了約二十次。這相應減少了心臟的負擔，讓大象能夠如此長壽。

這樣看來，大型犬應該要比小型犬還要長壽才對，但奇怪的是，**在同種動物之間，體型越小的個體反而越加長壽**。因爲無論是大型犬還是小型犬體內器官（如心臟）的大小幾乎都相去不遠。在這種情況下，要把血液輸送到龐大身軀各處對心臟來說是巨大負擔，所以大型犬才會容易罹患心臟病。順帶一提，大小相同的還有眼球，所以小型犬才會在小臉上顯得眼睛較大。吉娃娃與巴哥犬這類小型犬由於眼球外露面積較大，還會容易罹患乾眼症等眼疾。

小型犬與大型犬的器官大小相近，
而負擔較輕的小型犬活得較久。

# 63 美食的順風耳

人類能夠聽出的聲音頻率在兩萬赫茲以下，狗狗則已被證實可以聽出高達五萬赫茲以上的頻率。人類聽不到的高周波音稱爲超音波，這就表示狗狗能聽見超音波。而狗狗的這種**敏銳聽覺並不會因體型大小，或是立耳、垂耳的不同而有差異**，實驗結果表明，體重超過五十公斤的聖伯納犬的聽力，與體重不到三公斤的吉娃娃其實不相上下。這或許跟前篇提到的心臟與眼球一樣，聽力也是狗狗不變的共通生理構造。令人意外的是**臘腸犬就算把垂耳拉起，檢測出來的聽力結果也沒有絲毫變化**。

狗狗的耳朵生來就是立耳，經品種改良才出現了垂耳。包含米格魯在內被稱爲「嗅覺型獵犬」的品種犬都具有垂耳特徵。垂耳或許能在狗狗嗅聞地面氣味的時候，擋住多餘的風聲，藉此讓狗狗更加集中注意力吧！

無論立耳還是垂耳，
都不會影響我們聽覺的敏銳度。

# 64 愛情跨越體型

**儘管狗狗的品種衆多，但牠們全都同屬「家犬」這一族群**。所以，體型相差甚大的狗狗也可以配成一對。不過，應該很多人都難免會好奇，爲什麼體型跟外表相差如此之大，狗狗還能認出對方是自己同類？當然，狗狗因爲有敏銳的嗅覺，憑著氣味就能輕易辨認。不過，**狗狗就算不靠氣味，光憑視覺也能辨認出其他狗狗**。

法國做過一項實驗，研究人員找來數隻狗狗，先教會牠們只要走近有犬類正面照片的螢幕，就能得到獎勵。接著準備好兩台螢幕，一台放上狗狗的正面照，另一台則同時播放人類、貓咪、牛、小鳥、爬蟲類等各種動物的正面照。結果顯示，絕大多數的狗狗都會準確走向有狗狗正面照的那一邊。而且，就算是練習時沒見過的犬種或側面照，狗狗也能分辨得出來，非常厲害！

儘管體型到外貌各不相同，
我們還是能一眼認出是同類！

# 65 對主人全心全意

我可以摸摸牠嗎？
好可愛－
當然。
好乖，好乖。
愣住
不給你摸了
跑掉
態度真是不好耶——
不會啦，牠很帥氣啊！是條忠犬！
虎太郎！喂喂！
妳的狗狗很親人呢！
哈哈哈
大叔你好～

包含柴犬在內的日本犬的個性都有個強烈個性。**牠們多半只對飼主忠心耿耿，對待旁人則多少顯得有些冷淡**。日本著名的「忠犬八公」*也對主人忠心不二，而這跟日本犬的歷史脫不了關係。

日本犬曾伴隨獵人居住在遠離村莊的深山，協助狩獵山中動物，並因此受到重用。**昔日打獵多是「一槍一狗」，即獵人跟獵犬一對一的狀態**。有人因此認爲日本犬只對特定主人忠心。日本犬比其他狗狗還少撒嬌或鬧著玩，也許與是因爲以前的日本犬都需要跟獵人保留一定距離的緣故吧！

另一方面，同樣是獵犬，西方一般都是狗狗與獵人們進行集體狩獵。由於必須要能與人群及其他狗狗流暢溝通，所以多半有較高的社交能力。

* 日本史上因忠心而著名的秋田犬，在飼主過世後仍每天定時至澀谷車站等候主人歸來，直至生命終結。

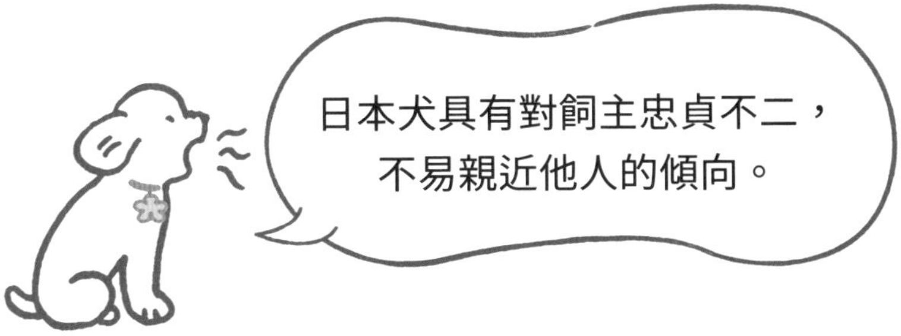

日本犬具有對飼主忠貞不二，
不易親近他人的傾向。

# 66 不會狗爬式

有狗狗喜歡在海邊玩耍、游泳，自然也就有狗狗不喜靠近海邊。比如**拉布拉多犬過往會協助漁夫回收漁網等工作而擅長游泳**，牠們的腳是腳趾間有小小蹼膜的「蹼足」，不但會游泳，還能潛水達兩公尺以上。而貴賓犬原本是獵鳥犬，負責回收被擊落進湖水等地方的鳥類，牠們胸前與手腳關節有如穿戴上毛絨球，造型相當獨特，能方便牠們在水中作業並防止身體失溫。

**儘管狗狗有品種的特徵，但水性最後還是要看個體差異**。拉不拉多犬與貴賓犬裡也有不擅游泳的狗狗。順帶一提，在改編自眞實故事的電影《想見瑪莉琳》（マリリンに逢いたい）中，名喚小白的狗狗爲了見到瑪莉蓮（母犬）多次橫渡足足有三公里遠的海洋。好厲害的泳技跟體力！

也有狗狗會害怕大海。
尤其是在第一次見到海的時候。

## 67 還活著啦！

唉——
最近我們
都睡得不好
被這孩子的
打呼聲吵到……
吁
吁
好吵……
呼——
齁——
就是說啊。
這個現象好像叫做
睡眠呼吸中止症，
鼾聲一停
又令人擔心……
安——靜
啊，
還活著。
呼齁!!

鼻吻部顯短的短吻犬品種，最早是爲了鬥犬而培育出來的。**改良後的扁塌吻部能讓牠們在咬住對方時也能呼吸如常，突出的下顎也能讓撕咬的力道更大**。如今已有許多國家明令禁止鬥犬，短吻犬也成了人們耳熟能詳的玩賞犬。不過，鼻子扁塌卻讓牠們在呼吸系統方面有弱點。短吻犬不僅會在睡眠時無可避免地打鼾，還容易呼吸困難、不擅長用張口喘氣的方式降低自身體溫，因而較容易中暑。

本書在第二七頁有提過：「公犬是多左撇子、母犬是多右撇子」、「慣用手與習慣性關注視野之間有所連動（右撇子狗狗習慣關注右側視野）」。但實際上，**短吻犬的巴哥犬與拳師犬屬於例外，多是左右手運用自如**。對此有人提出這樣的假設：短吻犬左右兩側的視線不會被鼻吻部遮擋↓不會造成容易關注哪一側↓所以沒有慣用手。

# 68 狗也要衣裝？

衣服對狗狗來說，本來就是不必要的東西。有許多狗狗都討厭穿衣，甚至深感壓力。不過，也有人認爲「散步時最好還是穿上衣服」，一方面是因爲**有些品種改良後的狗狗較爲怕冷**，另一方面則是爲了防止弄髒身體或狗毛散落亂飛。

小型犬會比大型犬還要怕冷（請見第一三九頁）。狗狗的被毛原本是耐寒的雙層毛，但品種改良後，出現了沒有下層短毛的單層毛品種。**屬於單層毛的小型犬有馬爾濟斯、蝴蝶犬、約克夏㹴、玩具貴賓犬等。**這類狗狗有時會需要衣服來抵禦嚴寒。此外，也有飼主會讓狗狗穿上裝有保冷劑的衣服、配戴領巾來預防中暑。

有個二〇一六年的研究顯示，日本平均一個家庭在愛犬服飾的年花費約爲一萬三千日圓。就算狗狗不穿，幫狗狗挑選衣服也早已成了飼主的一大樂趣。

怕冷的狗狗可能需要穿衣服，
但要注意，
別讓穿衣服變成一種壓力。

# 69 副駕駛座爭奪戰

狗狗喜不喜歡搭交通工具取決於自身喜好，不過，牠們如果眞心喜歡搭車就會看起來非常開心。有的狗狗會坐在飼主騎乘的腳踏車前籃（有點危險）或是摩托車腳踏板。在交通工具上興高采烈的狗狗，多半以往有過旅行或外出遊玩的經驗，**讓牠們記住了「坐車＝會發生好玩的事」**。

另外也有種說法認爲，乘坐交通工具會讓狗狗感覺「要去狩獵」。因爲此時的狗狗和同屬一個群體的主人，都會一致朝著同個方向移動，而狗狗狩獵時能以高達六十公里的時速連續跑上幾公里，或許**乘坐交通工具移動時一晃而逝的景色，會讓狗狗產生一種彷彿在追逐獵物的感覺**。再加上兜風還能感受涼風拂面，以及不斷變化的戶外氣息，對狗狗來說無疑是最棒的休閒活動。

跟主人一起進行長距離移動，
會讓我們特別興奮呢！

## 70 記不住

想替愛犬取個獨一無二的名字，是飼主表達自身關愛的一種表現。但有些名字太過冗長，狗狗很可能根本記不住。**想教給狗狗理解的話語，最好以「簡短、易懂」爲原則**。一般來說，給狗狗的指令基本上都是「等等」、「不可以」、「坐下」，這類簡潔有力的詞彙。

據說狗狗很難識別子音。**人類會藉由變換嘴唇與舌頭的形狀發出子音，但這是狗狗辨不到的事情**，同類溝通時也不需要分辨子音。所以，如果有人養了兩隻狗狗並取名爲「可可」與「摩可」，狗狗很可能兩個名字都只能聽出「呃呃」的音，於是很難搞清楚主人是在叫誰。例如，本篇漫畫裡的名字，在狗狗耳中可能會是「巫呃巫伊呃·巫埃恩·喔伊喔·恩巫伊喔呃斯」……這種名字連人都很難記住啊！

不取個簡短易懂的名字，
我們是記不住的！

## 71 樂天狗虎太郎

第一次去飼養員家的那天……
每一隻都好可愛！
虎太郎
三個月大的時候
這麼說起來…
飯飯？
飯飯？
是誰？
是誰？
好可怕喔！
這傢伙一開始就是這樣子了…
客人姐姐！
來玩嘛！
來玩！

狗狗的個性也有樂觀與悲觀之分。英國一間大學做過以下實驗。讓受試的狗狗在室內獨處，教牠們記住房間裡某一邊的碗裡有飼料，另一邊的碗則沒有飼料。結果，研究員**在房間正中央又多擺了一個碗之後，有些狗狗會全力衝過去察看（樂觀），也有些狗狗躊躇不前（悲觀）**。此外，在這個實驗中評定爲樂觀的狗狗，就算獨留家中也相當沉穩，評定爲悲觀的狗狗則傾向於焦慮不安。

不過，這並不代表狗狗悲觀是一件壞事。比如**導盲犬最講求個性謹慎，若必須兩者擇一，那麼悲觀的狗狗更加合適**。相反地，查緝毒品一類講求行事果斷的工作則是樂觀的狗狗更能勝任。據說，這樣的測試方式能有效鑑別狗狗潛質。

我們向來給人樂觀開朗的印象，
但也有些狗狗生性悲觀喔！

看專欄認識
狗狗的身體 5

## 假性懷孕

母犬偶爾會出現假孕的狀況。這是一種受發情期產生的黃體素影響而引發的現象，和人類因爲強烈想懷孕的執念而產生的假性懷孕有所區別，但狀態十分相似。假孕的狗狗會出現某些行爲，例如收集毛巾等物品築巢、乳房脹大並實際分泌出乳汁、把布偶當作自家寶寶對待。不過在絕大多數的情況下，只要過段時間就會回到正常狀態。

在狼群裡，首領狼只會跟自己的單一配偶繁殖後代。如果母狼因爲某種理由不適合再養育幼狼，只要其他母狼在假孕的狀態下分泌出乳汁，就能代爲哺育首領的孩子。也因此，有說法認爲假孕或許是一種維持族群永續的生存機制。

女性眞是不容易呢！

PART 6

# 人狗相通的共情行爲

## 72 默契百分百

有研究發現，**打哈欠這種行爲會傳染，是人們與其他人「共情」而產生的一種現象。**看到別人打哈欠就會感覺別人「看上去很睏」，結果連帶意識到「自己可能也睏了」而跟著打哈欠。科學家以前就知道，這種現象會發生在黑猩猩這類靈長類身上，但近年來，也發現這也會發生在人與狗狗之間。此外，**熟人的哈欠會比陌生人更容易傳染給自己，這項結論同樣適用在狗狗身上。**這是合情合理的，比起素未謀面的陌生人，狗狗當然更容易跟主人共情。

除此之外，還有其他科學證據表現出人與狗狗之間的緊密關係。當飼主撫摸狗狗、跟狗狗說話時，彼此的幸福荷爾蒙催產素都會有所增加；摸著狗狗相伴左右之際，雙方的心跳頻率都會有所減緩，最後達到同步。狗狗也會跟人一樣感到幸福，眞是件好事！

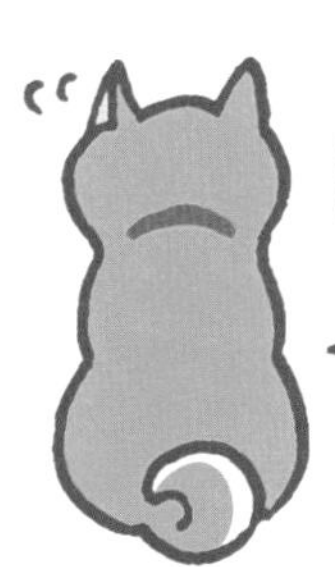

我們的感受會跟主人同步，
所以才會跟著一起打哈欠。

## 73 對寶寶要這樣說話

接虎太郎回家之前
一開始的教養訓練最重要。
這本書說幼犬的社會化是……
然後，應該要先掌握的是……
嗯嗯
柴犬的飼養法
狗狗教養法
養狗不失敗
接虎太郎回家當天
來，真是讓你們久等了～
虎太郎～
飼養員先生
虎太郎小朋友～
把拔在這裡～
你好呀～
把、把拔？

**「媽媽語」（Motherese）是語言學裡的一個專門用詞，用來指稱母親跟小寶寶說話會用到的獨特說話方式。**其實媽媽語對人類寶寶來說非常重要。拉高音調、做出抑揚頓挫的緩慢說話聲很容易引起寶寶的注意，據說還有助於培養寶寶的情緒表達、促進語言能力發展，並加深親子信賴關係。

另一方面，有一項研究以「有照顧人類寶寶與狗狗至少兩年經驗」的女性爲對象進行深入調查，發現她們腦中有某個區塊，會在看到人類寶寶或狗狗照片的時候出現相同的活性化反應。也就是說，愛犬在飼主眼中跟自家孩子沒兩樣。所以有人對狗狗使用媽媽語，自然也就不奇怪了。

也有實驗結果發現，**狗狗在不滿一歲大的幼犬時期，會經常對媽媽語的這種說話方式做出回應。**用對小孩說話的方式跟狗狗對話，或許才是正確的方法。

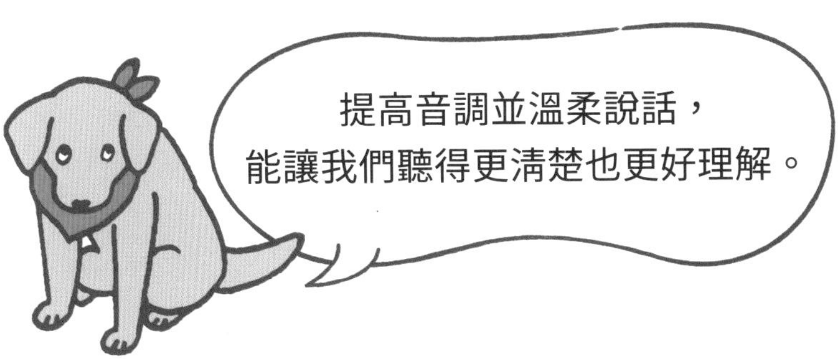

# 74 求助的視線

無法單靠自己拿到想要的東西時，狗狗會死死盯著人瞧，連眼睛都不眨一下，向人示意「能來幫我個忙嗎？」。有項實驗準備了一個盒子，裡面裝了零食並從外面上鎖。當狗狗發現沒辦法憑己力打開盒子以後，絕大部分都會在幾秒內看向身邊的人。

**這種求助人類的行爲，是狗狗才有的舉動，不會出現在狼身上。**在不同的實驗中，研究員準備了一個盒子，並設計只要拉動繩子就能吃到盒中的香腸，藉此測試狼與狗狗的反應。十隻狼裡有八隻成功吃到香腸，二十隻狗卻只有一隻成功——不過，狗狗反而會不斷試著與附近的人進行眼神接觸。狼會自食其力解決問題，狗狗則傾向於尋求人類的協助。狗狗似乎很習慣把事情交給人類解決，但這也是狗狗的一種機智表現，**也是人與狗在漫長歷史中培養出友善溝通的最佳證明。**

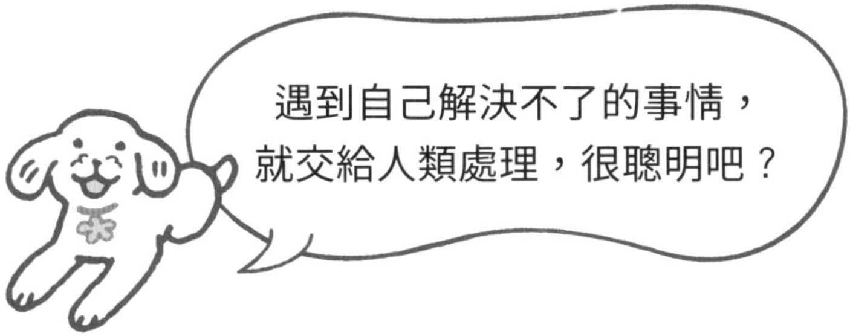

遇到自己解決不了的事情，
就交給人類處理，很聰明吧？

# 75 腋下問好

**在狗狗的眼中，主人表情認眞坐在書桌前的模樣，可能會像是處於緊張狀態的表現，**所以狗狗才會主動湊上去，並試圖予以安慰。飼主一動不動，也可能讓狗狗心想「現在黏上去沒關係」。而由於腋下正好形成了類似「洞穴」的空隙，於是讓狗狗忍不住想把頭鑽入。此外，這個姿勢還有額外優點，**能讓狗狗緊貼自家主人，緊緊靠在主人臉龐或腋下的「搖滾區」盡情嗅聞主人氣味。**

曾一項研究，做了探討狗狗到底有多愛主人味道的實驗。研究人員讓躺在磁振造影儀（MRI）的狗狗分別嗅聞沾有「主人」、「陌生人」、「同住家中的狗狗」、「陌生狗狗」、「狗狗自己」五種氣味的紗布。結果發現狗狗腦中與快感相連的區塊，會在聞到飼主氣味的時候出現最強烈的活性化反應。可見狗狗眞的很喜歡自己的主人呢！

主人板著臉在那做什麼？
害我也好緊張，快笑一個！

## 76 人在做，里昂在看

京都大學做過一項研究，以五十四對飼主與狗狗為對象，從中發現狗狗具有非常驚人的觀察力與敏銳度。實驗最開始，飼主會在狗狗面前試圖從容器裡取出物品。在同個房間內，研究員安排了協助飼主取出物品的A、拒絕提供協助的B，以及與此事無關並較為中立的C。待狗狗目睹A、B二人與飼主的互動之後，再讓B、C同時在狗狗面前拿出飼料。結果發現多數狗狗會選擇吃C手上的飼料，**而不會選擇拒絕協助主人的B。**

此外，甚至還有以下的實驗。研究人員找來三個演員，賦予不同的角色設定，分別是：慷慨者、冷漠者，以及乞丐。接著在狗狗面前，讓慷慨者把錢贈予乞丐，並讓冷漠者無視乞丐。之後再讓狗狗自由行動，發現大多數狗狗會試圖接近慷慨者，而疏遠冷漠者。由此可見，**狗狗相當敏銳，光是觀察人與人之間的互動就能識別人品好壞。**

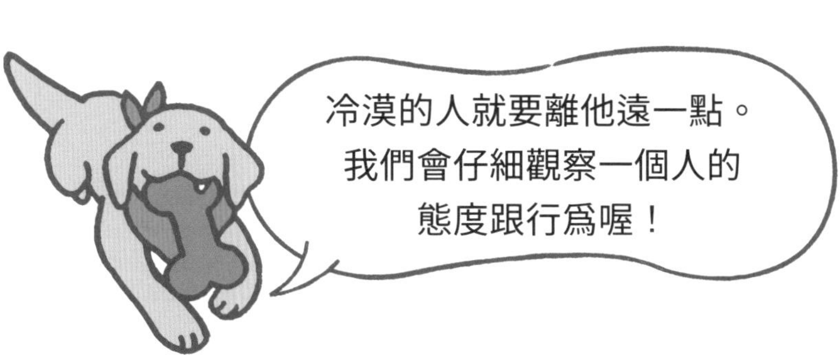

冷漠的人就要離他遠一點。
我們會仔細觀察一個人的
態度跟行為喔！

## 77 養狗是在照鏡子 I

有項實驗將「飼主、飼主養的狗、非飼主養的狗」三者的正面照，讓受試者觀看，結果發現人們有很大機率猜對飼主養的是哪一隻狗。狗狗和飼主的確會很像，理由在於**人類會傾向於飼養與自己相像的狗狗**。由於樣貌是自己所熟悉的，而喜好則會反映在髮型等外在部分，所以一般人在面對「完全不像自己的狗」與「有些神似自己的狗」時，很容易選擇後者。另一項加拿大的研究指出，長髮女性較爲偏好垂耳狗、短髮女性則較偏好立耳狗。此外，在第一項實驗中，就算每組照片只露出眼睛的部分，受試者猜對的機率依然很高。或許，**人們是被眉眼與自己相似的狗狗吸引**。

也有人認爲，飼主跟狗狗在一起生活久了會越來越像。更令人驚訝的是，有研究發現肥胖者養的狗狗多數也會變胖，而身上常駐菌的種類也會趨於相似。

人類會不經意地選擇飼養
有些神似自己的狗狗喔！

## 78 養狗是在照鏡子 II

奧地利維也納大學有一篇研究，針對一百三十二對飼主與狗狗的行爲進行探討，發現**神經質的主人所飼養的狗狗也會神經兮兮，樂天的主人所飼養的狗狗也會友善親人**。狗狗原有的先天個性，會受到後天經驗的影響——而所謂的後天經驗，主要取決於飼主跟狗狗的相處模式。如果總是處在放鬆環境下，狗狗也容易養成樂天的個性，而若是狗狗時常面對焦躁、神經質的對待，則也會容易變得神經兮兮。這種現象其實合情合理。

順帶一提，飼主在判斷自家愛犬個性時，會發生「投射效應」這種現象，於是無法客觀判斷。投射，就是將自身狀態與情感投放到對方身上，因此**個性穩重的飼主傾向於認爲自家狗狗的性格沉穩，情緒不穩定的飼主會覺得自家狗狗很焦躁不安**，而後者多半又會把問題行爲歸咎到狗狗身上。不過狗狗的性格，其實就是飼主的投射呢！

我們會受主人個性的影響，
所以當然會像主人啦！

# 79 同步

飼主和狗狗相伴時，雙方的心跳頻率會產生逐漸同步的現象（請見第一六五頁）。同樣地，**飼主與狗狗也可能會在相同的時間點、做出相同的行爲**。

上面提到的，是自然發生同步的行爲，但**有時狗狗也會刻意模仿主人的行爲**。狗狗從小就會模仿父母與手足的行爲，而這項習性也會用於學習主人的行爲。在一項實驗中，研究員用柵欄圍出一個必須繞來繞去才能找到飼料的路線，並且讓狗狗進入尋找飼料，但第一次無人示範、第二次則先有人示範。結果發現，如果先有人示範，狗狗找飼料的時間會大幅縮短。該實驗還指出，如果飼主演示如何用手打開拉門，狗狗也會跟著使用前腳開門。我們可以從此看出，只要飼主有在動腦，狗狗也會跟著動腦思考。因爲狗狗會觀察學習主人的一舉一動。

# 80 拴在外面的狗狗

散步的時候將狗狗拴在店門外——這種行爲希望飼主可以盡量避免。**狗狗本來就是群體行動的動物，並不擅長獨處。**如果是獨自留在熟悉的家中也就罷了，但如果是單獨待在有很多陌生人與陌生動物的地方，狗狗會十分不安。就算主人就在玻璃窗的另一邊，視力生來不好的狗狗也看不清楚，只會覺得主人「進了那扇門就不出來」。此外，這也會讓怕狗的人不敢靠近，甚至可能讓愛犬被偷走。畢竟教養好的狗狗就算被陌生人牽走也不會隨便吠叫，很容易被偷到手。

要注意的是，別人拴在店外的狗狗最好不要隨便去摸。因爲**狗狗在不安狀態下，如果看到陌生人朝自己伸手，可能會出於自衛而張口咬人，**很容易變成咬人事件。雖然看到可愛的狗狗會想去互動，但還是要以安全爲重。

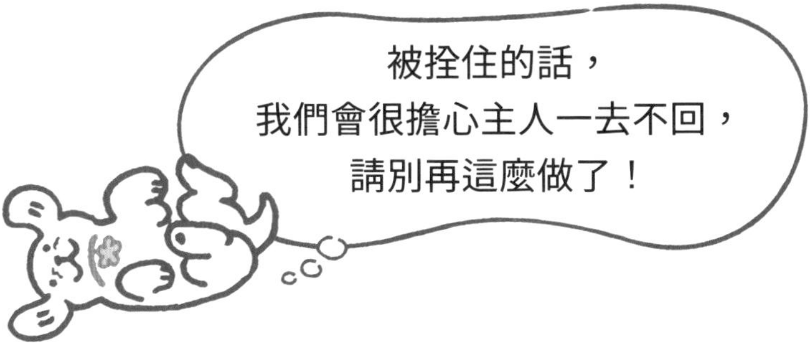

被拴住的話，
我們會很擔心主人一去不回，
請別再這麼做了！

## 81 主人，還有我喔！

狗狗具有共情能力（請見第一六五頁），而且還有能力同情他人的悲傷情緒。但牠們同情的對象不僅限於飼主，英國倫敦大學的研究員發現，**狗狗會湊近正在哭泣的任何人，對其做出用鼻子磨蹭之類的安慰行爲**。他們在實驗環境中安排了一些人，突然各自做出哭泣、說話、唱歌等各種行爲，並觀察狗狗對這些人的反應。結果顯示，狗狗最會主動接近哭泣的人，機率高達八三%。就算拿出最愛的零食或玩具，牠們依然會選擇走到那人身邊予以安慰。或許正是這個原因，狗狗才會被譽爲人類最好的朋友。

有人可能會說「牠們只是發現有異狀才靠過去」，但該實驗還使用了磁振造影儀，並藉此發現，**聽到其他人的哭聲，不管是人或狗的大腦運作都會有著相同的模式**。這足以證明，狗狗眞的能理解人類的悲傷。

我們無法對哭泣的人坐視不理，
總是覺得要給點安慰才行。

# 82 別測試我的忠誠度

我們常常聽聞一些狗狗的事蹟，包括幫助溺水的主人脫困、挺身營救差點被車撞的主人、幫助主人對付歹徒，諸如此類。這令人不禁思考：如果眞的有個萬一，我的愛犬也會來救我吧？只要是飼主一定會想知道答案。

但有研究顯示，**如果飼主故意假裝生病昏倒、假裝發生意外倒地不起，那麼會上前想營救主人的狗狗數量爲零**。針對這種結果，有人假設狗狗可以從飼主身上的氣味，來判斷其是否眞的身陷危險。例如，糖尿病患者在低血糖狀態下流出的汗水會含有腎上腺素與多巴胺，低血糖通報犬就會在嗅到這些氣味時發出警告。嗅癌犬據說也能嗅出癌症患者體內產生的某種化學物質。換句話說，**欺騙性的表演沒辦法產生遭遇危機才會散發的獨特氣味，所以狗狗也就不會覺得「我得去救人」！**

如果騙人，我們才不會認眞。
不要測試我們的忠誠度。

## 83 生離死別

據說只有人類能理解死亡的概念。所以**即使飼主過世，狗狗也不會覺得「自己再也見不到主人了」**。正因爲沒有「再也見不到面」的想法，才會有忠犬八公這種一直苦等主人歸來的狗狗。世界上也有不少狗狗在飼主離世之後仍苦苦守候的眞實故事，甚至還有狗狗追著載了主人遺體的靈車跑了好幾公里、一直守著主人長眠的墓地寸步不離。或許在牠們心中，自己是「被主人拋棄」了。

**由於狗狗沒有死亡的概念，所以牠們在將死之際也不會害怕**。有人說狗狗和貓咪一樣，都會在「死期臨近時躲起來」，但那只是因爲牠們身體不舒服，想離開家裡找個安靜一點的地方休息，結果抱著遺憾在外離世。狗狗不會恐懼死亡，或許這對飼主來說是好消息。但比起死亡，和主人生死永別才是最令狗狗難過的事了！

## 84 認錯主人

即使如此
小八也依舊
在此守候。
八公犬物語
這樣說起來，
虎太郎……
南出口
我之前去車站
等和雄的時候，
牠還認錯人，
想撲向對方。
背影很像的
路人
你回來啦～
表現跟八公
天差地遠……

有人說「狗不會忘恩負義」，但如果狗狗再次與長久未見的主人重逢，眞的還會認得是主人嗎？

對此，達爾文留下了一項有名的實驗記錄。他故意五年不跟自家狗狗見面，想以此測試狗狗的記憶力。結果發現，狗狗根本沒有忘記他，一見面馬上就跑過去跟在他身後。另一項愛爾蘭的實驗，將產後八至十二週大的幼犬帶離母犬身邊，等長大到兩歲再安排與母犬重逢，結果顯示牠們依然認得彼此。**就連平時生性健忘的狗狗，也會將飼主與母犬這些重要角色長久銘記於心**。

狗狗就算只跟飼主分開三十分鐘，再次重逢時也會感到無比喜悅（請見七三頁）。實際上，該實驗最長的測試時間爲四小時，並從中發現**人狗分開的時間越長，重逢的喜悅也就越大**。我們可以想見，經過數年的空白又能再次重逢，狗狗會有多開心呀！

我們會永遠記得
自己最愛的主人喔！

## 85 幸福的味道

應該有不少飼主一聞到愛犬身上的味道，就感覺身心舒暢吧！**尤其是肉墊那股香香的味道，還有人將其形容像是「爆米花」、「杏仁」的味道**。狗狗身上的味道是由全身腺體所分泌的，並混合了皮膚表面的常駐菌。只要狗狗曬曬太陽，一部分細菌就會被陽光的熱度殺死，揮發之後產生香香的氣味。

此外，有人做過一項實驗，測試飼主是否能夠認出自家愛犬身上的味道。研究員讓狗狗一個月都不洗澡，並連續三晚睡在同一條毛毯上面，接著請飼主在矇眼的狀態下嗅聞愛犬與其他狗狗睡過的毛毯，要求選出自家愛犬睡過的毯子。研究員本來以爲會不盡理想，畢竟人類的嗅覺不及狗狗靈敏，**沒想到結果令人驚訝，正確率竟高達八八%**！人類能有如此表現，或許是因爲深愛著自己的狗狗吧！

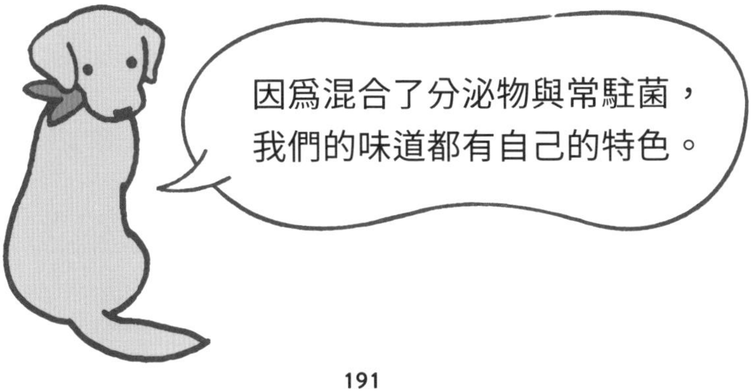

因爲混合了分泌物與常駐菌，
我們的味道都有自己的特色。

一起來　好 0ZDG0025

# 家長必備！一眼讀懂毛孩的「狗狗行為說明書」

作　　者　影山直美（繪）、今泉忠明（監修）
譯　　者　黃美玉
主　　編　林子揚
編輯協力　林杰蓉

總 編 輯　陳旭華 steve@bookrep.com.tw
出版單位　一起來出版／遠足文化事業股份有限公司
發　　行　遠足文化事業股份有限公司（讀書共和國出版集團）
　　　　　23141新北市新店區民權路108-2號9樓
電　　話　02-22181417
法律顧問　華洋法律事務所　蘇文生律師

封面設計　Ancy Pi
排　　版　宸遠彩藝工作室
印　　刷　凱林彩印股份有限公司
初版一刷　2023年7月
定　　價　399元
I S B N　9786267212127（平裝）
　　　　　9786267212158（PDF）
　　　　　9786267212165（EPUB）





國家圖書館出版品預行編目(CIP)資料

家長必備!一眼讀懂毛孩的「狗狗行為說明書」:深入汪星人宇宙,從姿勢判讀、情緒解析到怪癖日常的讀心手冊,收錄85篇共鳴滿點的全彩漫畫/今泉忠明監修；影山直美插畫；黃美玉譯. -- 初版. -- 新北市：一起來出版：遠足文化事業股份有限公司發行, 2023.07
192面；14.8×21公分. -- (一起來好；25)
譯自：マンガでわかる犬のきもち
ISBN 978-626-7212-12-7(平裝)

1. 犬　2. 寵物飼養　3. 動物行為

437.354　112000632